2019年教育部人文社会科学研究青年基金项目

"宋代古籍中的茶器设计思想研究"结项成果（编号2023JXZ1179）

宋代古籍中的茶器设计理念与制作思想研究

李洋 著

ZHEJIANG UNIVERSITY PRESS
浙江大学出版社
·杭州·

图书在版编目（CIP）数据

宋代古籍中的茶器设计理念与制作思想研究 / 李洋
著. -- 杭州 ： 浙江大学出版社，2025. 6. -- ISBN 978-
7-308-26399-3

Ⅰ. TS972.23

中国国家版本馆 CIP 数据核字第 202572KF61 号

宋代古籍中的茶器设计理念与制作思想研究

李　洋　著

责任编辑　宁　檬

责任校对　陈逸行

封面设计　雷建军

出版发行　浙江大学出版社

　　　　　（杭州市天目山路 148 号　邮政编码 310007 ）

　　　　　（ 网址：http://www.zjupress.com ）

排　　版　杭州浙信文化传播有限公司

印　　刷　杭州钱江彩色印务有限公司

开　　本　710mm×1000mm　1/16

印　　张　11.25

字　　数　160 千

版 印 次　2025 年 6 月第 1 版　2025 年 6 月第 1 次印刷

书　　号　ISBN 978-7-308-26399-3

定　　价　78.00 元

序 一

　　中国近代美学思想研究历经多番演进。王国维著《人间词话》《宋元戏曲考》；蔡元培在1916年任北大校长期间，大力倡导美育与艺术教育，铸就北大重视美学研究与美育的传统；朱光潜力求中西美学融合，翻译黑格尔《美学》，还从心理学角度研究中国传统美学，著有《文艺心理学》；宗白华从中国哲学视角审视中国审美思想，提出了美在"意象"的观点，著有《美学散步》；李泽厚与叶朗分别以史为纲梳理中国传统美学精神，李泽厚著《美的历程》，叶朗有《美学原理》。

　　然而，探寻中国传统美学精神发展历程虽意义重大却并非坦途。其历史漫长，个人研究精力与生涯有限，且研究中歧路众多，筛选研究对象并清晰阐述成果殊为不易，研究常伴现实阻碍，还可能受传统观念影响而偏离初衷。但这并未浇灭探索热情，探索源自更深动力，旨在从传统技艺中挖掘易被忽视的内涵。我深信技艺之外，存在独立于表象的工匠精神世界，虽难尽窥全貌，却值得不懈追寻。

　　朱熹深入研究传统儒学后提出，道为事理，万物皆有理；器为形迹，事物皆有形。有道则有器，有器则有道，物有法则。我们既要关注外在表象之"器"，更要体悟内在意象之"道"。"道"是无形力量，潜藏于事物发展深处，影响思想、知识与技能。以陶瓷艺术为例，技术是"器"，精神是"道"，技术要在精神指引下开展，精神也要借技术展现。技术水准不足，精神难落实；精神境界不高，难有超凡作品。

面对古代器物，常思古代与今时距离。从物质层面看，古陶瓷断代虽有学术争议，但可通过取证达成共识；而精神层面的距离，面对古陶瓷时，时而觉近，似能感受工匠创作状态，与之对话，时而又觉远，难揣度其心思。历史沧桑，如今所见多为遗迹遗物，诸多蕴含工匠思绪与感受的作品，仅余历史标本，追寻其创作实际状况及思想情感愈发艰难。

李洋博士试图以宋代古籍中与茶器相关的文本为契机，探索传统中国器物设计理念与制作思想，以及此思想影响下宋代茶器造型与使用方式，为宋代器物学思想研究锚定支点。她从器以载道和道以成器两方面考察宋代茶器语料，发现南宋茶器语料比北宋丰富，北宋末建茶及相关语料减少，由此得出从北宋到南宋饮茶风尚趋于市井化的结论。在此基础上，她进一步从道以成器角度研究宋代不同社会阶层的茶器思想，通过语料考察与语境分析，认为虽然宋代不同阶层茶器思想有别，但总体上，北宋到南宋茶器设计理念因受"礼制"思想影响而转变，茶模到茶碾部分的茶器使用体现了宋代茶器从制药到制茶的转化，盛茶到清洁部分的茶器使用体现了传统"礼制"思想的物化。

郑宁

清华大学美术学院教授、博士生导师

序 二

物的古今文化之思

　　人本来也是物之一种，只不过因为是万物之灵，所以往往自己与物隔离开来而自视为另类。人来源于物质界，也生活在物质界中。人需要多种物提供食物营养，还需要多种物来满足自己穿、住、行、用等方面的欲望。一旦物进入人的视野而成为对象，人就会赋予物意义。物的意义进而作为人类文化的一部分，通过传播与传承反过来影响了人、塑造了人，当然也会影响人处理人与物的关系。不同的民族文化、不同的思想流派对物的意义往往有不同的看法。

一、道器观视野下的物

　　中国古代哲学中有道器观。道为抽象的形而上，物为具象的形而下，二者层次不同。道只能通过抽象去认识，器则只能通过感觉器官去认识。这是道器观的共同点。不同哲学流派的道器观有所不同，这里只以儒、道两家为例进行分析。

　　儒家的核心思想是以器载道。它把抽象的社会伦理、政治秩序与具象的器物设计相结合，从而构建起一套以器物为载体、以礼制为内核的文化体系。《周易·系辞》明确宣称："形而上者谓之道，形而下者谓之器。"这是将"道"定义为抽象的精神原则，把"器"定义为具体可感知的器物或技艺。这种划分奠定了中国古代道器观的基础。北宋张载以气为本体，这样一来，气即道。在他看来，道器是一元的，道通过气的运动显现于器物之中。南宋朱熹则主张理气二元论，认为器是道的具象化，道通过器之理显现。明末思想家王夫之突破了传统的二分法，继承张载的观点而有所创新，主张："天下惟器而已矣。道者器之道，器者不可谓之道之器也。无其道，则无其器，人类能言之。无其器，则无其道，人鲜能言之，而固其诚然者也。"又说："据器而道存，离器而道毁"（《周易外传》卷二），认为道与器不可割裂，道必须依托器而存在。他更进一步指出，"道者，物所众著而共由者也。物之所著，惟其有可见之实也；物之所由，惟其有可循之恒也。既盈两间而无不可见，盈两间而无不可循，故盈两间皆道也"。如此看来，道其实就是物运动变化背后的规律。

儒家的道器观首先是通过礼义、礼器、礼仪、礼貌来呈现，也就是礼制通过仪式等行为符号进行物化表达，让抽象的礼义通过器物直观地呈现出来。"礼以别异。"礼器通过形制、数量、纹饰等物理属性承载等级秩序与伦理规范。例如，西周列鼎制度中，天子九鼎八簋、诸侯七鼎六簋的配置，以器物数量差异直接体现权力阶梯的层级差异。青铜器上的饕餮纹、夔龙纹等纹饰不仅具有装饰性，更象征威严与神圣性，强化了礼制的权威性。礼器的使用严格遵循等级规范，如《周礼》规定不同阶层在祭祀、宴飨中使用特定器物。例如，士用三鼎二簋，大夫五鼎四簋，通过器物组合的差异划定社会等级的边界。服饰、宫室、车马等器物亦遵循"礼达而分定"原则，形成"贵贱有等，长幼有差"的视觉秩序。器物形制的僭越被视为礼制崩溃的标志，如春秋末期青铜觚棱角消失，孔子由此感叹"觚不觚"，实为对礼法松弛的不满。这种以器物变化映射社会变迁的思维，强化了礼制作为"国之纲纪"的规范作用。在这种观念影响下，器物设计被融入孝悌、忠信等伦理观念，如席镇通过"席不正不坐"的礼仪，将宗法伦理渗透至日常生活。礼器在祭祀中承担沟通人、神的职能，如玉璧祭天、青铜爵献酒，将"敬天法祖"的信仰具象化。三代礼器如鼎、簋等的形制与纹饰在中原和周边地区广泛传播，形成"器同文"的文化认同。例如，商周青铜礼器的标准化生产与分配，促进了华夏共同体的形成。儒家的道器观通过"器以藏礼—礼以显道"的互动，使礼制从抽象规范转化为可感知、可操作的社会实践。器物不仅是权力等级的标识，更是文化基因的载体，其设计、制造、使用与阐释共同构建了古代中国礼乐文明的深层结构。这一体系既维护了宗法社会的稳定性，也为中华文明的连续性提供了物质与精神的双重支撑。

儒家的道器观还表现在伦理道德上。这表现在器物被赋予道德隐喻，如《论语》以"瑚琏"比喻子贡的才能，通过"君子不器"倡导超越功利性的工具理性、追求"仁"的价值境界。此外，器物材质的选择与加工技艺被赋予道德内涵，例如，儒家用玉器的温润象征君子的品德。

儒家的道器观还表现在传播、传承上，这表现在书籍、绘画、石碑、青铜器、陶器等的文字功用上，器物被儒家视为记忆历史的媒介，如青铜器的铭文具有补史功能。总之，儒家主张通过"器以载道"传播文化，传承文明，传达文化认同，人文化成，进行社会教化。

孔子贬斥樊迟学农为"小人"，因为农业等与器直接相关的技术不是儒家人才培养的内容，人道才是。落实到道器观上，道为本，器为末是儒家一贯的主张。儒家长期推崇人道伦理高于技术实践，这一倾向在宋明理学中被强化，导致科学技术不受重视。即使在大量西方科学技术已经传入中国的清代，科学技术仍然被视为"奇技淫巧"。近代科学技术没有在中国产生，近代以来中国科学技术长期落后于西方，不能不说，儒家是要承担思想意识方面的部分责任的。

道家与儒家一样主张道本器末。之所以如此，是因为必须高标人的主体地位，认可人为万物之灵的观点，承认只有人有能力理解道。为此，一方面，道家批判过度使用、依赖技术和器物，认为"五色令人目盲，五音令人耳聋"

（《道德经》第十二章），甚至因为看到过度使用器物的弊端后要求"使有什伯之器而不用"，"虽有舟舆，无所乘之；虽有甲兵，无所陈之"（《道德经》第八十章），主张"绝巧弃利"（《道德经》第十九章），回归道的质朴，在直接意义上，就是保持德与道的吻合，保守生命的本真。引申到道器关系上，道家认为，器物的价值在于其"无"的功用，如器皿中空的部分，车轮中辐条之间的空隙，而非外在形式。道家由器以载道进而引申出器需复归于道的观点。老子提出"复归于朴"，主张器物应保持自然、素朴，避免人工雕琢、人为装饰而增加、减少、改变、扭曲、遮蔽了道的本质。在道家看来，器是道退化的产物，需通过"无为"回归本真。

道家以道为本源，认为道是万物在时间上最早的源头。老子认为，"器"是"道"分化后的产物，即"朴散则为器"（《道德经》第二十八章）。所以，器传承着道的基因。道家同时以道为本体，主张道是同时存在的万物的根本依据。道并不在物之外，而是就在物之中。《庄子》提出"道在屎溺"，表明道存在于一切具体事物中，包括最卑微的器物。道家主张"尊道贵德"。道是就普遍性而言的，德是就个体性而言的。德与人和物直接相关。道通过德蓄养万物，最终以器的形态呈现。道、器在存在形态上是一体的。

在有限的范围内，道家认可道器本为一体的观点。庄子主张"与物为春"（《庄子·德充符》），要求保持物的本然。"故至德之世，其行填填，其视颠颠。当是时也，山无蹊隧，泽无舟梁；万物群生，连属其乡；禽兽成群，草木遂长。是故禽兽可系羁而游，鸟鹊之巢可攀援而窥。夫至德之世，同与禽兽居，族与万物并。"（《庄子·马蹄》）物如此，人在"至德之世"同样要保持自己的本然。"至德之世，不尚贤，不使能，上如标枝，民如野鹿。端正而不知以为义，相爱而不知以为仁，实而不知以为忠，当而不知以为信，蠢动而相使不以为赐。是故行而无迹，事而无传。"（《庄子·天地》）这其实就是《道德经》所主张的"道法自然"。为此，道家主张人与器物和谐共处。一方面，反对人对物的过度干预。"有先天地生者，物邪？物物者非物，物出不得先物也，犹其有物也。犹其有物也无已！"（《庄子·知北游》）因为人的过度干预会改变物的天然，改变物存在的本然和常然。作为道家的继承者，道教提出"物尽其用，货畅其流"。这颇为类似于现代生态平衡的理念。另一方面，道家也反对人被物所改变，沦落为金钱等物的奴隶，要求人们"物物而不物于物"（《庄子·山木》），主张"物而不物，故能物物"（《庄子·在宥》）。人的生存和发展需要物作为资源，人的吃、穿、住、行、用都离不开物，人有对物的欲望是生存的需要，但必须把欲望的种类尽可能减少，欲望的强度尽可能降低。否则，人就会被物奴役，自己的本真就会失去，自己的天然、本然、常然就不能得到保持。也就是说，必须警惕人的异化，这是人自己对道的遮蔽。

道家还把道器观与实践相连接，注重以器为质料的技术，"犹百家众技也，皆有所长，时有所用"（《庄子·天下》），也就是承认各种技术都有其存在的价值。不仅如此，道家还认为，技术是通往道的阶梯。"臣之所好者道也，进乎技矣。"（《庄子·养生主》）技术通过器物可以彰显道的存在。"能有所艺者，技也。技兼于事，事兼于义，义兼于德，德兼于道，道兼于天。"（《庄子·天地》）将技术视为"道"的具象化表达，既注重技术的实用功能，又追求与自然、社会的和谐统一。这种思想对现代技术发展仍具启示，尤其在生态工程、系统设计等领域。

虽然道家存在"重道轻器"倾向，但"技进乎道"的思想将技术提升到了哲学境界。老子主张"绝巧弃利"（《道德经》第十九章），认为过度追求技术会腐蚀人心，损伤人的本真之德。但这一观念客观上却促使技术向精致、细微、准确、灵巧的方向发展，让工匠在工艺操作时与《庄子》所谈的"庖丁解牛"一样，"依乎天理"，神与物化，追求人与器（工具）的高度融合，人技合一，使得技术达到自然而然、炉火纯青的程度。这就是现代人所津津乐道的工匠思维。例如，退火工艺刚柔临界点的精准控制。在它的指导下，古代科学技术取得了很多成果，如道教炼丹术虽受长生不死目的的驱动，但积累了大量化学实验的经验；又如葛洪《抱朴子》记载丹砂与汞的可逆反应，为后世化学、化工的发展奠定了基础。类似的案例很多，《中国科学技术史》

《中国道教科学技术史》等著作对此有记载。

道家还发展出了以"道法自然"为根本观点的技术哲学。第一，在道家看来，技术必需顺应自然规律而非人为的强行改造。例如，都江堰水利工程的设计遵循"顺水之性"原则，通过鱼嘴分水、飞沙堰泄洪等结构实现动态调洪，摒弃对抗性思维，体现了道家"上善若水"的哲学思想。"道法自然"思想影响了器物设计，形成了"器合自然"的造物哲学。它主张"原天地之美而达万物之理"（《庄子·知北游》）。例如，良渚玉琮的方圆结构象征天圆地方，漆器纹饰模仿草木生机，体现了对自然规律的遵循。第二，道家认为，形而下的万物是运动变化着的，物与物之间存在着相互依存、相互影响的普遍联系。所以，道家习惯于将技术问题置于动态系统中进行考量，形成整体性的工程范式。例如，北京故宫的排水系统以阴阳五行模式为指导，构建了动态性的平衡，明沟（阳）与暗渠（阴）构成循环网络，利用地势差实现势能转换，历经六百年考验，至今依然发挥着作用。第三，道家对以气为本的能量动态转化的直觉认知推动了化学、医学等学科的探索：火药发明源于道士炼丹时发现硝石、硫磺、木炭混合物的爆燃现象，这虽以追求长生不死的信仰为目的，却无意间触及了化学中氧化还原反应的实质。

二、物的文化内涵及其对现代设计的启迪

物的种类很多。被赋予了文化内涵的物却不是太多。茶、酒、香（料）、丹（丹砂）等是中国传统文化中被赋予了文化内涵并且延续至今的少数几种。这里只讨论茶。

茶起源于魏晋时期的南方，最初是从药物中分离出来而成为饮料，在民间逐渐流行开来，普及于社会各个阶层，至唐代被陆羽等文化人赋予文化内涵，儒家、道教、佛教都从自己的角度对茶的文化内涵进行阐释。儒家认为茶可以养德。佛教，尤其是禅宗，宣扬"禅茶一味"。道教宣传茶的本自天然，宣称喝茶可以宁心安神，返璞归真，进而可以羽化飞升。茶由此进入儒、

道、佛三家的多种仪式中，成为仪式敬献不可或缺的物品。在儒、释、道的影响下，大众喝茶更加普及，茶的需求量越来越大，茶已经成为一个产业，政府随之介入，茶政应运而生。

进入北宋，茶迎来了它的高光时刻。北宋偃武修文，文人地位高，数量众多，文化繁荣。宋徽宗嗜茶，乐于主办茶事，上行下效，茶业、茶器、茶道于是大行其道。文人雅士们为此还撰写了不少有关茶文化的著作。北宋政府"以礼治国"，不再坚持"礼不下庶人，刑不上大夫"的原则，而是强力推动礼制下沉于民间，司马光、朱熹等儒家学者积极响应，制定家礼。道教也在政府主导下进行了礼制化改革。在这一背景下，礼治思想渗透到茶文化。礼的基本功能是区分地位、名分、等级，所以由此带来了茶的产地、茶种、茶品、茶器、茶事的多样化、多元化。茶文化于是更加兴盛。

李洋博士的专著《宋代古籍中的茶器设计理念与制作思想研究》是一部聚焦于宋代茶器的学术著作。该书耗费了很多精力，从海量古籍中搜集了有关宋代茶器的很多语料，以制茶、饮茶程序为线索，仔细研究这些程序各阶段所使用的茶器，把文献记载与流传下来的实物（其中包括陆地发掘和海洋沉船考古发掘所得）进行比较，进而分析这些茶器的设计思想、制作步骤和方式、使用方式等。笔者还引入了社会学的研究方法，区分不同社会阶层对茶文化的不同看法，分析同一茶器在不同社会阶层的物料、形态等方面的差异，当然也归纳了它们之间的共同点。饮茶之人往往参与制茶，饮茶的过程中往往也要动手与茶器接触，很多饮茶者把这作为乐趣。当然，饮茶过程中口舌的细致品味是重头戏。不同的茶汤会给人不同的滋味，就如大理三道茶是"一苦二甜三回味"，这既是茶的味道，也是人生"味道"的折射。所以，茶和茶器成了把玩、欣赏的对象。儒家历来反对玩，严厉警告"玩人丧德，玩物丧志"。可是，茶事是例外。有人反对饮茶，只是因为茶有医药的效果，身体不适、服药期间不宜饮茶，饮茶过多、过浓会导致茶醉，会导致入睡困难。在欣赏这一环节，文人就为茶器、茶事注入了文化内涵，表现了儒、释、道等不同文化的差异，彰显了文化水平的高低，显示了精神境界的个体差异。

李洋博士就是按照礼器—使用—欣赏的三段论逻辑，把宋代茶器的设计理念与制作思想充分复原、展现在读者面前。该书既是茶文化研究领域具有较高学术水平的专著，也是茶器设计、制作领域很有参考价值的著作，确实值得一读。

掩卷沉思，这部著作启发我们，让我们明白，在古代，物，尤其是其中的礼器，其使用价值不仅具有社会、政治内涵，还是不同文化领域的思想表达的特定工具或媒介。在追求民主、自由的现代，"礼以别异"的政治功能早已大大弱化甚至消退了。但是，居于不同经济地位的人们，所使用的同一器物依然会有多个方面的不同；处于不同文化领域的人们，所使用的同一器物依然会有形制、纹理、图案、文字等多个方面的不同。从市场营销的角度来看，这就是市场细分。为此，我们在设计、制作领域，就必须有清醒的市场意识，明白自己的产品打算卖给哪一类人，明白他们对产品的多方面的具体需求，然后有针对性地进行产品的构思、设计与制作。

在这部著作的启迪下，我认为，现代设计可以注重如下几个方面：第一，通过提炼传统文化中各领域的元素和符号，通过造型、文字、符号、图像、图形等将文化意蕴融入器物的设计与制作过程中，形成具有中国文脉特色，具有高识别性的设计语言。例如，无印良品通过极简造型与中性色调，营造空寂的美学氛围，引导用户从器物使用中体验禅宗空纳万境的精神境界。

第二，器物是为人服务的。人是有记忆有情感的。现代人所设计、制作的产品应该能够通过器物唤醒使用者的记忆，承载人的情感，重构人与物的主观联结，触发情感共鸣，某些特定器物甚至应该具有一定的精神疗愈功能。这就必须在设计阶段就为器物注入人的文化内涵。

第三，现代设计应该追求功能与审美的动态平衡。这一点，中国古代的阴阳、五行学说深具启发意义。它们与现代马克思主义哲学中辩证法的对立统一、质量互变、否定之否定规律非常接近，在精神实质上，也与现代科学中的系统论、控制论、信息论等系统科学颇为吻合。我们应该吸收祖先的智慧，古为今用。具体到器物的设计制作上，应该根据市场细分，把产品系列化，对同一系列的产品，恰当地考虑功能与审美的有机结合，实现精准定位，小批量量身定制，制作个性化产品，以小博大，提高市场占有率。这对艺术类文创产品，尤其重要。

第四，生态伦理与可持续设计。在商业资本的操控下，现代设计普遍存在一些必须正视并进行改变的问题，包括制造过程中能源耗费偏高，过多过度使用食品添加剂、涂料、染料，使用对人有害或导致环境污染的材料（如重金属含量偏高的材料，微塑料、纳米塑料对人体生命的损害和对环境的污染触目惊心），过多、过度使用外包装等。中国传统文化，尤其是道家追求的"道法自然""与物为春""天人相通""天人合一"等观念，启发我们，产品的设计、制造应该走绿色的道路，以简单、朴素为美，为消费者的健康负责，对环境友好，兼顾经济效益和社会效益，坚持走可持续发展的道路。

第五，在全球化语境中建立中国文化的主体性，通过器物设计构建物质与精神、传统与创新的共生关系，坚持走中华优秀传统文化的创新性继承、创造性发展的道路，切实推动中国传统文化以器物产品为载体走出国门，走向全世界，增加人类福祉，为人类命运共同体的建设和发展增光添彩。

孔令宏

浙江大学哲学学院教授、博士生导师

2025 年 5 月 15 日于西溪求是园

前　言

　　宋代兴起了一股重视器物的热潮。这股热潮首先体现在对商周时期青铜器的重视，接着扩大到对宋代以前碑刻的关注、瓷器的欣赏以及花草的养植上。文人、士大夫在关注这些领域的同时，还想在更高的层面给他们的这种喜好正名，于是以著书立说、诗文游记等形式描述、诠释他们的这些玩好之物，由此逐渐形成了对物质文化的系统研究。在这一过程中，由于饮茶是其中重要的门类之一，所以也给我们留下了丰富的有关茶器造型、审美和使用方面的文本。由于时间的流转，保存下来的宋代完整器物寥若晨星，大多时候，我们只能通过这些文本来复原历史上的茶器。本书试图以宋代古籍中与茶器相关的文本为契机，探索传统中国器物设计理念与制作思想，以及这一思想指引下的宋代茶器造型与使用方式。

　　本书以宋代茶器相关古籍为依据，锁定宋代饮茶的程序及各程序中涉及的具体茶器，进而与流传下来的实物进行比对，帮助我们揭开关于它们的设计、制作和使用方式的谜团。在这基础上，提出宋代茶器语料结构层次模型。在分析了语料发展变化的前提下，本书对具体语境下的茶器语料及语料的组织结构进行研究，提出了基于茶器和语境的宋代茶器演变路径。接下来，根据茶器名称的转变和从北宋到南宋时空的转变，设计了宋代茶器语料架构图，为当下理解宋代茶器奠定基础。本书针对宋代不同社会阶层流传下来的茶器语料，分析各阶层对茶器的不同观点及其异同。通过不同茶器在同一阶层的语料表述以及同一茶器在不同阶层的语料表述对比，本书提出了"礼器—使用—欣赏"的中国器物发展架构，扩充了传统器物演变及发展路径研究方向。

总结以上研究，本书有三点成果。其一，通过大量古籍的记载与传世器物的比对，不但完善了宋代从制茶到饮茶每个环节所使用器物的序列，厘清了传世器物在其成型年代的使用方式问题，而且通过对古籍内容的梳理，填补了某些现已消失的茶器造型及其使用方式。通过这种方式，在局部厘清了一些传世器物的称谓以及成型源流。

其二，本书通过对宋代茶器相关古籍内容的搜集、整理、研究，得出一个概括性的观点：宋代茶器的原型大多出自《礼记》，其设计理念是"礼制"的延续。茶器使用场景的变化体现了"礼制"思想的下沉。

其三，总体而言，宋人关于器物的思想逐渐从"礼"转变为"赏"。宋代制茶方面的古籍实证了茶"药食同源"的理论；饮茶方面的茶器古籍印证了"礼制"思想的物化，器物从满足"神"的需求转向满足"自我"的需求。

根据上述观点，本书认为宋代器物"技术"与"精神"达到了完美结合。宋人开始关注器物本身的造型设计并形成了独到的有关器物的理论。这种形成路径首先是从远古的器物以及文本中寻找可以用来作为他们理念支撑的依据——以《礼记》为蓝本证实器与礼的关系，以《系辞》为依据说明"制器尚象"的重要性，进而论证他们对"器"的观点，形成中国始于宋代的器物论的主要内容。

目　录

第一章

绪论

一、研究背景

"匠人精神"在当今中国广泛流行，以致"纯手工""自制""匠心"成了优质产品的代名词。然而，仅"手工的""自制的"并不能代表就是"中国的""匠人的"，不同国家的匠人都可以制造出本国特有的优质产品。那么，真正的具有中国特色的匠人精神是什么呢？窃以为必须从中国的古代典籍中寻找答案。《庄子》有论："彼是莫得其偶，谓之道枢。枢始得其环中，以应无穷。是亦一无穷，非亦一无穷也。故曰莫若以明。"即抛却是非观念，以空明之心观照事物，才能够看清事物的本来面目。

我们很难从博物馆里的传世器物——青铜器、国画、书法、瓷器中直接了解当时人们设计它们时的思想和使用方式。幸好，流传下来的古籍资料能够成为突破口。书籍以识字者和文盲都便于理解的方式，在人类文明的发展中占据着中心地位。[①] 它们构成了社会时代的思想基础，被用来传递大量与时

---

① 周绍明. 书籍的社会史：中华帝国晚期的书籍与士人文化. 何朝晖，译. 北京：北京大学出版社，2009.

代相关的文化基因，进而形成中国传统文化脉络不可或缺的环节。另外，在传达古人观念之外，古籍本身也像陶瓷、建筑、雕塑一样，有其自身的历史。这个历史揭示了书中所述历史之外的大量史实。[①] 诸如我们通过《先秦古器记》《集古录》《宣和博古图录》等古籍的撰写时间，并结合宋人笔记等资料，可以勾画出宋人的器物研究脉络，了解书中所述内容如何催生和塑造了我们今天的社会生活。它们不仅被视为一种商品或者一种信息载体，还是一种组织信息和观点的方式，形成了传统中华文明框架。针对这个框架的研究和解读有利于我们更深入、具体地理解中国传统的思维方式。

"匠人精神"在西方早有提及。19世纪下半叶英国兴起的由威廉·莫里斯主导的工艺美术运动即试图改变工业革命所导致的设计与制作相分离的恶果，强调艺术与手工艺的结合是对机器所创造的"没有灵魂"的产品的反动。之后，引来了席卷整个欧洲的"新艺术运动"。莫里斯的学生马克莫多建立了"新世纪艺术节协会"，在格拉斯哥出现了以麦金斯托为首的设计家集团。1919年在德国成立的包豪斯艺术学院，由格罗皮乌斯担任首任院长。他主张使工艺技术与艺术完美结合，并将其作为包豪斯的崇高追求。在保罗·克利、瓦西里·康丁斯基等艺术家加入后，这一主张得到了更完美的落实。1924年，包豪斯艺术学院参加德国莱比锡展览会，获得了一致好评与大量订单。包豪斯艺术学院还创立了一套理论教学体系，使得技术通过合理的方式以艺术的形式表达出来。包豪斯艺术学院虽然于1933年迫于纳粹政府的压力宣布解散，但其影响遍及全球。现今国内大部分美术院校的教学仍沿用包豪斯体系，其主导思想有：技术和艺术应该和谐统一；对材料、结构、肌理、色彩要有科学的、技术的理解；艺术家、企业家、技术人员应该紧密合作；学生作业和企业项目要密切结合等，这些已经成为中国大部分艺术院校的办学宗旨。

面对"匠人精神"指导下的"西方匠人精神标准"在中国的传播和落

---

① 周绍明. 书籍的社会史：中华帝国晚期的书籍与士人文化. 何朝晖，译. 北京：北京大学出版社，
2009.

实，与之对立的"中国匠人精神标准"却并没有受到重视并建立起来。这一点，日本人早有觉识。沟口雄三在《中国的思维世界》里写道："……（要）提示以欧洲标准无法衡量的世界的存在，并且在把世界作为一个整体对象化的时候，包含这些无法被欧洲标准所完整包容的世界……使得欧洲标准得以相对化。"[①] 黑川雅之在《日本的八个审美意识》里也指出："近代扑面而来的西方教育体系和美学理论，早已抑制了我们内心对中国传统审美价值的认知。"[②]

然而，在当今的中国学者中，不断追问这一问题的人并不多。面对当今如此剧烈的东西方文化碰撞，我们研究传统文化的意义何在？他们或者完全无视这一问题，或者继续在象牙塔里做学问。对于无视这一问题的学者来说，"传统"是必须抛弃的。对于继续在象牙塔里做学问的学者来说，"传统文化以何种形式存在"是一个无须讨论的问题。因为他们与"传统文化"朝夕相处，可能并没有意识到它正在萎缩甚至坍塌。

工艺技术方面，现代科技突飞猛进、日新月异。现代科技支撑下的工业化、现代化进程几乎彻底破坏了手工作坊式的纯手工制作。对于传统行业来说，手工产品在新材料的发现以及大工业生产的背景下已经被压缩得几乎失去了市场份额，"互联网＋"的出现颠覆了传统产业的销售模式。但是，建构在手工基础上的中国传统工艺，是一种与自然合作的方式，是中国千百年来"匠人精神"思想的物化体现。传统器物制作过程的每一个环节都包含了匠人日复一日的劳作，他们形成完全熟练的技术，达到手脑的高度协调，以致超越纯粹技术的范畴，从单纯的"器"升华到"艺"的境界。《庄子·养生主·庖丁解牛》最初是讲养生的道理，但在今天被当作"器"与"艺"结合的典范，成为匠人的崇高追求。

---

① 沟口雄三，小岛毅. 中国的思维世界. 孙歌，等，译. 南京：江苏人民出版社，2006.
② 黑川雅之. 日本的八个审美意识. 王超鹰，张迎星，译. 北京：中信出版集团，2018.

庖丁为文惠君解牛，手之所触，肩之所倚，足之所履，膝之所踦，砉然向然，奏刀騞然，莫不中音。合于《桑林》之舞，乃中《经首》之会。

文惠君曰："嘻，善哉！技盖至此乎？"

庖丁释刀对曰："臣之所好者，道也，进乎技矣。始臣之解牛之时，所见无非牛者。三年之后，未尝见全牛也。方今之时，臣以神遇而不以目视，官知止而神欲行。依乎天理，批大郤，导大窾，因其固然，技经肯綮之未尝，而况大軱乎！良庖岁更刀，割也；族庖月更刀，折也。今臣之刀十九年矣，所解数千牛矣，而刀刃若新发于硎。彼节者有间，而刀刃者无厚；以无厚入有间，恢恢乎其于游刃必有余地矣，是以十九年而刀刃若新发于硎。虽然，每至于族，吾见其难为，怵然为戒，视为止，行为迟。动刀甚微，謋然已解，如土委地。提刀而立，为之四顾，为之踌躇满志，善刀而藏之。"

文惠君曰："善哉！吾闻庖丁之言，得养生焉。"①

周敦颐在《通书·文辞》中写道："文所以载道也。轮辕饰而人弗庸，徒饰也，况虚车乎。"这被今天的匠人认为是对"器"最好的诠释，引申为"器以载道"。

本书想借用"茶"这一盛行于宋代并流传至今的主题，探讨与之相关的器物文化内容。从宋代开始，"茶文化"伴随着时人对"器文化"态度的转变而变得更符合中国人的审美。它以一种看似被使用、被支配的低姿态，静默地重塑了宋代的社会风尚。对一系列饮茶方式的建立以及对茶器造型样式的规定，使得"饮茶"在宋代成为一件风雅之事。这便是宋代"茶道"的形成，事实上也是中国饮茶体系的形成。当从这个饮茶体系观察宋代茶器时，它们

---

① 庄子.庄子·养生主.北京：中华书局，2013.

似乎并没有什么特别。它们首先属于认知领域中"形而下"①的范畴。这恰恰是因为它们具有明确的用途，并与日常生活中那些身体需求的关系过于密切。纵观中国历史，茶器的发展过程既缺少科技进步所带来的生活革命，也缺乏因艺术思想的改变而产生的思想激荡。在几千年的时间里，全面、系统的饮茶方式产生于北宋，随后似乎又戛然而止了。我们可能不禁要问：今天或在博物馆、或在拍卖会上见到的宋代茶器，与宋人在饮茶时使用的茶器有何不同？这听起来似乎很可笑，如果这些茶器是后人仿品，那么它们当然不是原作，倘若这些展品经鉴定确为原作，那展现在我们面前的茶器，当然就是宋人曾经使用过的器物。诚然，时空的转换更移也许并没有带走这些器具的物质形态，却必然带走了其"在场"的生活世界。从某种角度说，我们已经无法看到它们的本来面目了，幸运的是，历史遗留下来的文献与图像让我们得以追溯那个时代的饮茶方式和生活场景，得以想象宋人对于茶器的理解。

宋代"器"与"艺"达到了空前完美的结合。对于今天的人们来说，宋代的器物就像一个伟大而永恒的谜，饱含先民对"美"的想象：天然、温厚、平易、典雅、质朴、含蓄。其中较能够体现宋人造物思想和生活态度的，便是宋代的茶器。饮茶的社会风气是在宋代形成的。宋人的茶器思想，不仅体现了他们的生活状态，更渗透着其对人生的哲学思考。由此，宋人的茶器思想不仅见于宋人茶论、图录、绘画等，也散见于流传于世的类书、史书、游记、自传、禅机中。世事沧桑，今天宋代古籍中所蕴含的古代茶器信息已成为文化遗产，对宋代古籍中有关茶器思想的收集、整理和研究就显得尤为必要和珍贵。

宋代茶器的面貌之所以如此难以窥测，主要在于它们的意义不在传世器物中，而是遗留在历史的"当场"。"使用"既是它们生存的意义，也是它们被历史遗忘的原因。复现它们的风姿相当困难，不仅它们的制作方式被封存

---

① 高纪洋. 形而下：中国古代器皿造型样式研究. 济南：山东美术出版社，2014.

在历史的长河中，有关它们的文字也没有被载入正统史书。因此，本书试图放弃西方标准等既定的判别依据，放弃历史框架或者意识形态，以宋代的历史文献为基点，以一个"经历者"的身份思考古人对待问题的态度并直面当下，进而反思中国当下的存在方式。这种思考，并不是简单地把宋人对茶器的态度套用到现代，而是通过对大量历史资料的研究与体悟，发现茶器自产生以来发展到宋代的状态，以及其流传至今的脉搏与节律。海德格尔在面对这一问题时说："仍然保存着的古董属于此在的世界，而它们的历史性质就奠基于此在的'过去'"，"具有过去性质和历史性质，其根本在于它们以用具方式属于并出自曾在此的此在的一个曾在世界"①。事实上，当作为古董抑或一种纪念物和收藏物时，物品仍然具有"上手"的属性。它们或被欣赏，或被炫耀，或被作为标本来探寻宋人的制作技艺。而要想了解其"在场"性，只有把自己作为一个经历者，回到历史本身，这样才能使真正的宋代茶器回到我们的视野中。本书的目的便是通过对宋代流传下来的茶器有关古籍的梳理，寻找和发现在宋代形成的，并植根于我们传统文化的价值观和器物观，以及宋代文人在传统价值观下建构器物观所做的努力，虽然这些观点在宋代之前无论是在政治上、道德上还是美学上都并不被认为是应该大力倡导的。宋代文人认为"器"不仅能够呈现美感，而且可以显现生命之"迹"：虽然制作器物的匠人在历史的长河中大多被遗忘，但他们制作的器物所传达出的精神气韵却依然呈现在我们面前。

宋代文人在继承前辈研究成果的基础上，用一种近乎单线的方式叙述了宋代茶器的造型和使用方式。他们的描述使传世的宋代茶器得到了书面的补充，而印刷术的发明使宋人的思想得以以书本的形式流传下来，其传播也在多个层面影响并改变着时人对文本、学识、造物的态度。宋代各个社会阶层对"器"的追求空前强烈，把前朝认为是离经叛道的玩好之物上升到了理论

---

① 转引自李溪. 内外之间：屏风意义的唐宋转型. 北京：北京大学出版社，2014.

层面。例如，徽宗在《大观茶论》中说："且物之兴废，固自有时，然亦系乎时之污隆。"[1] 徽宗敕撰、王黼编纂的《宣和博古图录》记录了宋代皇室在宣和殿收藏的自商代到唐代的青铜器839件；欧阳修著《集古录》并在自序中写道："足吾所好，玩而老焉可也。"[2] 苏轼在《超然台记》中表达了另外一种对"物"的观点："凡物皆有可观。苟有可观，皆有可乐，非必怪奇伟丽者也。"[3] 他又在《苏轼易传》中写道："所贵于圣人者，非贵其静而不交于物，贵其与物皆入于吉凶之域而不乱也。"他还在《书黄道辅品茶要录后》中写道："非至静无求，虚中不留，焉能察物之情如此其详哉？"[4]

　　整个宋代的历史中，茶器是处于雅俗之间的角色。它们或是《文会图》上茶道交流的器物，或是《斗茶图》中民间赏玩的道具，还可以是文人、僧道秘藏的文玩。对艺术史而言，宋代的茶器是整个茶器历史的高峰，并且是古代中国与周边国家友好往来的物证。例如，日本自隋唐起，就派遣遣唐使到中国学习茶道，使"禅茶一味"思想在日本生根；荣西禅师（1141—1215年）于1167年及1187年先后两次留学杭州、宁波，回国后著有《喫茶养生记》，并由此构建日本新兴武士阶层的"士文化"[5]。

　　宋代茶器的独特性引起了学者发掘其意义的兴趣，而单纯的造型或是文本的研究，使得宋代茶器仅仅与时代造就的风格样式密切关联。如果把研究重点从确定和分析版本之间的差异，或者器物窑口和釉色之间的差异中跳出来，把详细考察这些技术、使用方式、流转途径对文化、社会和思想的影响包括进来，那么，作为本书研究对象的宋代茶器相关古籍就不仅仅被视为一种传播媒介或一种信息载体，它们还可以被理解为一种组织信息和观点的方式，一种促进宋代社会群体饮茶思想的形成和对外交流的框架。这个框架对

① 郑培凯，朱自振. 中国历代茶书汇编. 香港：商务印书馆（香港）有限公司，2007.
② 转引自艾朗诺. 美的焦虑：北宋士大夫的审美思想与追求. 杜斐然，刘鹏，潘玉涛，译. 上海：上海古籍出版社，2013.
③ 苏轼. 超然台记. 苏轼文集. 上海：中华书局，2004.
④ 苏轼. 书黄道辅品茶要录后. 苏轼文集. 上海：中华书局，2004.
⑤ 李萍. 论荣西《喫茶养生记》的意象. 农业考古，2019（2）：216-221.

今天我们研究中国传统文化的表达和论证方式的发展更为有利。从长远看，本书致力于探究宋代茶器相关古籍的非目录学、非哲学意义，试图从这些古籍中找出一种以人为基础的研究路径。这种研究路径或许会为各种类型的读者所接纳和利用，进而通过这个研究框架，改变社会对"宋代茶器"这一名词概念的预设，形成各种不同的结论。

由于以更为广阔的视角探讨"宋代茶器"这一主题，本书所关注的主要是分析传统书写的传播者"士"这一阶层对茶器概念的关切。事实上，从赵佶《大观茶论》到蔡襄《茶录》，无不展现出他们对待茶器的态度。他们的观点不仅代表了北宋中国茶器的设计思想，又进而影响了整个东亚的饮茶理念，这一视角与传统中国"玩物丧志"[①]的理念格格不入。器物常被忽略，物是围绕在我们身边的一个庞大体系。它穿梭于人类社会中，以一种看似被支配的低姿态，静默地展开对世界的改造。[②]北宋期间，文人、士大夫对美的追求在不同领域都超出以往的范围，冲破以往认为不可逾越的界限。[③]当然，本书的研究内容并不止于宋代士人有关茶器的著作。

在针对这些材料的研究中，我们将通过三步帮助读者从时空的、动态的维度看待宋代茶器。首先，通过系统地搜集整理宋代各类古籍中有关茶器的论述，更加清楚地辨析宋代茶器造型的形成依据，进而对其中茶器相关内容进行全面考察。运用语言学、文献学、目录学、历史学相关知识，通过建构表格法，将宋代茶器相关古籍进行罗列，建立宋代茶器语料库。其次，在宋代茶器语料库的构建过程中，发现传世器物中缺失的部分茶器语料。通过进一步的考察和整理，运用文献学、设计学相关知识，以文字描述和计算机绘图的方式还原宋代缺失茶器的造型样式。最后，通过对宋代茶器追根溯源的考察，发现大部分茶器的原型来源于《礼记》；通过对宋代以后茶器资料的探

---

① "玩物丧志"语出《尚书》，原文是：玩人丧德，玩物丧志。
② 李溪. 内外之间：屏风意义的唐宋转型. 北京：北京大学出版社，2014.
③ 艾朗诺. 美的焦虑：北宋士大夫的审美思想与追求. 杜斐然，刘鹏，潘玉涛，译. 上海：上海古籍出版社，2013.

讨，发现后人对宋代茶器更倾向于收藏及欣赏，由此建立宋代茶器"礼器—使用—欣赏"的总体脉络。本书希望通过这种对宋代茶器语义和语境的强调，探讨宋人饮茶方式以及茶器设计理念，寻找传统中国器物设计理念与造物思想，以及这一思想指引下宋代茶器的造型与使用方式。

宋代是中国历史上文化经济繁荣发展的朝代。宋代的文人、士大夫享有崇高的社会地位，他们的言行影响了整个社会风气的走向。饮茶文化在中国渊源已久，可是在宋代以前并没有那么多相关书籍：宋代之前有关茶与茶器的著作仅有 9 部，宋代茶书则有 25 部。[①] 文人、士大夫乐此不疲地撰文谈论怎样饮茶及茶具的品鉴和使用方式，使得宋代的茶器除了具有使用功能外，还成为社交礼仪的物证。以致我们今天谈起宋代茶器，很自然将其与"茶道"画上等号。宋代所流传下来的茶器实物在不同层面展现了宋人的理念。本书第二章对宋代不同阶层所使用的茶器进行细分，建立了宋代茶器结构层次模型，一方面可以从"物"的层面展现不同社会阶层的茶器思想；另一方面反映出在宋代这样一个极致追求内敛、含蓄的年代，尽管不同社会阶层以不同的材质、技法制作茶器，但这些产品所体现出的气韵却是相同或者类似的，它们可以为今天的设计师提供丰富的素材和灵感。

由文人、士大夫引领的有关茶器的讨论，还揭示了传统器物功用和价值的转变。这种转变易于被美学史所忽视，因为它的重点在外观审美层面。过去学者重点关注传世宋代茶器的真伪及审美价值，把宋代茶器作为独立的艺术品看待。但是，脱离了宋代生活背景的茶器还是原来的茶器吗？这个问题看起来似乎很可笑。诚然，时空的转移也许并没有带走器物中任何物质成分，却必然带走了宋代茶器所存在的那个世界。从某种程度上说，传世宋代茶器与"宋代茶器"已不是同一件物品，它们的功用和价值已经在历史的流转中发生了改变。幸运的是，我们仍保除了宋代文人、士大夫有关茶器方面著述之外的资料，得以还原宋代茶器的使用场景，使我们成为历史的见证

---

① 郑培凯，朱自振. 中国历代茶书汇编. 香港：商务印书馆（香港）有限公司，2007.

者，回归到历史中，体会宋代茶器"在场"的意义。书写者的目的并非讲述故事，而是在故事中间持守着日常生活中已经渐行渐远的内在意义。[①]本书的第三章便是讨论宋代茶器的具体使用场景。这里首先要讨论的是宋代茶器本身在造型和精神上的独特性，然后把它们放到具体的语境中，根据具体语境下宋代茶器语料及语料的组织结构，判断宋代茶器的使用场景。通过文本的诠释者与文本作者的虚拟对话，今人能够更加精准地理解宋人的茶器设计理念。

目前学界公认茶书的开山之作是唐代陆羽所著《茶经》。《茶经》是世界上第一部真正意义上的茶书，或者说是世界上第一部茶学百科全书，自唐代撰成传播以来，对中国和世界茶文化都产生了深远的影响。[②]《茶经》影响了宋代茶文化与茶器思想的发展，使茶文化在宋代达到鼎盛。欧阳修《集古录》有言："后世言茶者必本陆鸿渐，盖为茶著书自其始也。"但宋代的茶器思想与唐代是有明显区别的。本书第四章探讨了宋代不同社会阶层的茶器思想。从文献分析的角度讨论宋代"器皿"与"使用"之间的关系，以期绘制出特定的文化场域下文化、生活的立体场景，进而探讨传统器物在当代社会的发展。达到这一目的的诠释途径有宋人以"器"对"道"的物化诠释，以"行为"对"人生"的行动注解，以"理念"对"外邦"的感化与同化。换句话说，以宋代有关茶器古籍为诠释文本，在传统的器物中体察其造型、重量、厚度、质感，体知宋人对饮茶乃至人生的态度，进而寻找宋代工匠和文人在茶器的设计理念和制作思想方面有何共同之处。宋代几乎每一阶层的人对茶器的观点都有流传下来。这些观点中，有"人"对于"器"的观点，也有"器"反作用于"人"的观点。厘清这些不同的思想有助于我们更加深入地了解宋代茶器。

通过以上对于宋代茶器造型类型学以及结构层次的研究，可以发现北宋和南宋具有完全不同甚至相反的茶器思想。本书第五章进而研究两个相反的

---

① 李溪. 内外之间：屏风意义的唐宋转型. 北京：北京大学出版社，2014.
② 沈冬梅. 陆羽《茶经》的历史影响与意义. 形象史学研究，2012（1）：75-92.

茶器思想指引下所产生的不同的茶器造型样式，比较其异同，并根据当下茶器造型样式回溯理解宋代茶器思想的发展。就现阶段我们对宋代茶器的理解而言，从相对确定的信息（宋代古籍）转向不那么确定的推测的做法，比重复多数对于中国茶器宽泛的概括及文本释义更有意思。以古籍中茶器相关论述为切入点讨论宋人的器物设计理念和制作思想的做法或许会为我们提供一个重新审视宋代器物思想的视角。宋代流传下来的大量散见于古籍中的资料，记录了宋人对茶器的真知灼见或有关发现、收藏、作伪（仿）的种种闻见，可供今人归类整理并尝试系统阐述宋人的茶器思想。但这些思想像夜空中的繁星，耀眼却零散，不成体系。而且世事沧桑，一些已毁笔记中记载的古代讯息我们再也无法知道。本书试图以一个整体的眼光整理宋人的茶器思想，把逻辑学的方法与我国传统器物学研究成果相结合，形成具有中国特色的宋代器物学理论。就现阶段对宋代古籍的研究来看，对于相关古籍版本的查阅、筛选、校勘和释义、考证涉及语言学、文献学等专业。在浩如烟海的宋代古籍中查找茶器相关论述并非易事，把原始资料搜集起来并去伪存真，查出其确切的成书年代并用现代语言解读即使对于专业古籍研究者而言也绝非易事，更别说通过宋代古籍中的内容对宋人思想进行分析。本书以古人所使用的器物为出发点研究当时人们的使用场景，或许可以一探一个民族所崇尚的人生哲学，建立有别于西方的价值体系。由于材质、流传等因素，许多茶器种类已经消失了。通过对宋代古籍的研读，有望弥补这一缺失。不过，还需多方查找资料以期更全面、立体地还原佚失茶器的原貌，完善宋代茶器从制茶到饮用的序列。

二、宋代茶器研究现状

中国历史常被看作西方历史的镜子。[①] 这一点西方人也早有认知。早在

---

① 伊佩霞. 剑桥插图中国史. 赵世瑜，赵世玲，张宏艳，译. 济南：山东画报出版社，2002.

20世纪40年代，罗素就认为，假如我们（指西方）打算在世界上活得更安适，那么我们不仅要承认亚洲在政治方面的平等，也要承认亚洲在文化方面的平等。① 李约瑟用7卷的《中国科学技术史》试图证明这一观点。这显示了李约瑟的公正态度，但是这种认为西方有的东西中国也有的论证方式，却不能不说其实是一种反向的西方中心主义。② 实际上，亚洲并不以西方为基准，即亚洲独立于西方的基准之外。③ 这种思想在当代中国设计理论研究的学者中早已达成共识。王琥认为，"设计在中国早已有之，并古已有之"④，并在《中国传统器具设计研究》中以物证的方式说明这一论点。

　　唐代是中国历史上国力强盛、文化繁荣的黄金时期，宋继唐后，继承开拓，形成了璀璨恢宏、独具风神的宋代文化。宋代可谓是中国文化发展史上一座景色奇绝的峻峦。⑤ 一些学者将这个时期描述为"近代初期"：宋代社会处于文化的剧烈转型中，商品生产迅速发展，文人阶层和市井文化都在急剧变革。而这种观念被另一些学者认为是把欧洲的历史当作了度量衡。⑥ 在宋代中国占据中心地位的，应当是中央集权统治下的自上而下的政治思想，以及这一思想指引下的文化艺术的繁荣。宋代的物质文明达到了前所未有的高度，当今学者从不同层面对宋代物质文化做了大量深入的研究。在文献考察与研究方面，今人对古代器物相关的文献做了大量的归类整理，林欢《宋代古器物学笔记材料辑录》整理了大量宋代器物学笔记材料⑦，夏燕靖《中国古代设计经典论著选读》收录了古代有关设计学的著作⑧，以及万国鼎《茶书总目提要》，郑培凯、朱自振《中国历代茶书汇编》，朱自振、沈冬梅、增勤《中国古代茶书集成》搜集了历史上与茶有关的古籍。他们的研究为传统器物设计

① 　罗素. 西方哲学史. 北京：商务印书馆，2008.
② 　沟口雄三，小岛毅. 中国的思维世界. 孙歌，等，译. 南京：江苏人民出版社，2006.
③ 　沟口雄三，小岛毅. 中国的思维世界. 孙歌，等，译. 南京：江苏人民出版社，2006.
④ 　王琥. 中国传统器具设计研究：第3卷. 南京：江苏美术出版社，2010.
⑤ 　李轶南. 宋代造物文化图景——读《两宋物质文化引论》有感. 美术之友，2008（3）：20-21.
⑥ 　刘子健. 中国转向内在：两宋之际的文化内向. 赵冬梅，译. 南京：江苏人民出版社，2002.
⑦ 　林欢. 宋代古器物学笔记材料辑录. 上海：上海人民出版社，2013.
⑧ 　夏燕靖. 中国古代设计经典论著选读. 南京：南京师范大学出版社，2018.

思想研究奠定了理论基础。

　　宋代的传世器物，对于当今学者来说，首要关心的问题是它们的真实性。鉴定一件作品意义上的真伪，对艺术史学科乃至艺术品的市场价值都影响重大。[①] 由此，很多学者做了大量的考证工作。廖宝秀《宋代吃茶法与茶器之研究》比较系统地论述了宋代饮茶种类、饮茶方式及相关茶器[②]，扬之水《两宋茶事》对两宋茶事、茶器分类做了详尽的研究[③]，孙机《唐宋时代的茶具与酒具》就唐宋时期的壶、盏托做了详细的考证[④]，张懋镕《中国古代青铜器整理与研究》对青铜器造型、铭文、名称的转变做了系统的分类与考证，[⑤]《故宫博物院八十五华诞宋代官窑及官窑制度国际学术研讨会论文集》集中收集整理了对宋代官窑窑址、胎釉等的考证[⑥]，《〈宣和博古图录〉版本考略》是对宋代流传下来的古籍做版本的考证[⑦]，陈乐素《宋史艺文志考证》对《宋史》中的部分章节做了详细的考证[⑧]。这些著作都为传世器物的研究做了考证方面的铺垫。

　　在以上研究的基础上，很多学者进行了"器型"的研究：高纪洋《形而下——中国古代器皿造型样式研究》阐述了古代器皿的造型和时代特点[⑨]，徐彪《成器之道——先秦工艺造物思想研究》介绍了先秦时期的工艺和造物思想[⑩]。与此相关的论著还有：浙江省博物馆的《中兴纪盛——南宋风物观止》[⑪]、皮尔森和麦考斯兰的《宋瓷：钦佩之物》（*Song Ceramics: Objects*

① 李溪. 内外之间：屏风意义的唐宋转型. 北京：北京大学出版社，2014.
② 廖宝秀. 宋代吃茶法与茶器之研究. 台北：台北故宫博物院，1996.
③ 扬之水. 两宋茶事. 北京：人民美术出版社，2015.
④ 孙机. 唐宋时代的茶具与酒具. 中国历史博物馆馆刊，1982（1）：113-123.
⑤ 张懋镕. 中国古代青铜器整理与研究：曾国青铜器卷. 北京：科学出版社，2020.
⑥ 故宫博物院古陶瓷研究中心. 故宫博物院八十五华诞宋代官窑及官窑制度国际学术研讨会论文集. 北京：故宫出版社，2012.
⑦ 刘明，甄珍.《宣和博古图录》版本考略. 图书馆理论与实践，2012（5）：55-59.
⑧ 陈乐素. 宋史艺文志考证. 广州：广东人民出版社，2002.
⑨ 高纪洋. 形而下：中国古代器皿造型样式研究. 济南：山东美术出版社，2014.
⑩ 徐彪. 成器之道：先秦工艺造物思想研究. 南京：江苏美术出版社，2008.
⑪ 浙江省博物馆. 中兴纪盛：南宋风物观止. 北京：中国书店，2005.

of Admiration）①、卡尔和哈里森-霍尔的《中国陶瓷：伯西瓦尔·戴维爵士收藏的亮点》（*Chinese Ceramics—Highlights of the Sir Percival David Collection*）②、罗通多-麦科德的《天与地之间：罗伯特伯爵收藏的宋代陶瓷》（*Heaven and Earth Seen within: Song Ceramics from the Robert Barron Collection*）③。

"器"与窑口或技术的研究。这类研究相对来说比较广泛，中国有大量论著面世。例如叶喆民《中国陶瓷史》④《中国磁州窑》⑤，张海文等《中国南宋修内司官窑斜开片青瓷的研究现状》⑥，马亦超《南宋杭州修内司官窑研究》⑦，王旭烽等《中华茶器具通鉴》⑧。故宫博物院古陶瓷研究中心针对宋代官窑研究召开了研讨会，并形成《故宫博物院八十五华诞宋代官窑及官窑制度国际学术研讨会论文集》⑨。

"器"与"场景"的研究。这类研究广泛出现在各类宋画画册中。值得关注的主要是：浙江大学出版社《宋画全集》⑩，谭本龙《论唐宋诗人品茶场所选择之文化意蕴》⑪，沈冬梅《宋代浙江佛寺与名茶》⑫，孙晓燕《宋代茶画艺术研究》⑬，裘纪平《中国茶画》⑭。

---

① Pierson S, McCausland S F M. Song Ceramics: Objects of Admiration. London: University of London Press, 2003.
② Krahl R, Harrison-Hall J. Chinese Ceramics: Highlights of the Sir Percival David Collection. London: British Museum, 2009.
③ Rotondo-McCord L. Heaven and Earth Seen within: Song Ceramics from the Robert Barron Collection. Oxford: University Press of Mississippi, 2001.
④ 叶喆民. 中国陶瓷史. 北京：生活·读书·新知三联书店，2011.
⑤ 叶喆民. 中国磁州窑. 石家庄：河北美术出版社，2021.
⑥ 张海文，曾令可，王慧，等. 中国南宋修内司官窑斜开片青瓷的研究现状. 中国陶瓷工业，2002（5）：41-42，53.
⑦ 马亦超. 南宋杭州修内司官窑研究. 杭州：中国美术学院出版社，2006.
⑧ 王旭烽，刘庆柱，杨永善. 中华茶器具通鉴. 北京：光明日报出版社，2019.
⑨ 故宫博物院古陶瓷研究中心. 故宫博物院八十五华诞宋代官窑及官窑制度国际学术研讨会论文集. 北京：故宫出版社，2012.
⑩ 浙江大学中国古代书画研究中心. 宋画全集. 杭州：浙江大学出版社，2008.
⑪ 谭本龙. 论唐宋诗人品茶场所选择之文化意蕴. 菏泽学院学报，2016，38（1）：44-47.
⑫ 沈冬梅. 宋代浙江佛寺与名茶. 浙江树人大学学报（人文社会科学版），2011，11（1）：66-70.
⑬ 孙晓燕. 宋代茶画艺术研究. 山西档案，2014（2）：116-120.
⑭ 裘纪平. 中国茶画. 杭州：浙江摄影出版社，2014.

"器"与"思想"的研究。这类研究的代表性文献有：艾朗诺《美的焦虑：北宋士大夫的审美思想与追求》[1]，沟口雄三和小岛毅《中国的思维世界》[2]，杨裕富《传统设计美学原论》[3]，陈俏巧《从宋代茶具看当时的社会风尚》[4]，孙长初《中国古代设计艺术思想论纲》[5]。

"器"与传播的研究。代表性文献有：李尾咕《宋代建安茶文化与日本茶道》[6]《北苑贡茶盛行于宋代的成因探考》[7]，马守仁《唐宋时期禅宗寺院茶汤煎点礼仪》[8]，竺济法《茶史求真》[9]。

"器"与"文化"的研究。代表性文献有：王欣星《茶之"静"与宋代文人的内敛深沉》[10]《茶与宋人尚"清"的美学观》[11]，沈冬梅《茶与宋代社会生活》[12]《茶的极致：宋代点茶文化》[13]，闫谨《从苏轼的茶诗中看宋代茶文化的特点》[14]，于巧《舌尖上的咏茶词——宋代咏茶词研究》[15]，郑宁《宋瓷的工艺精神》[16]，伊佩霞、黄苏珊《中世纪中国的视觉和物质文化》(*Visual*

① 艾朗诺. 美的焦虑：北宋士大夫的审美思想与追求. 杜斐然，刘鹏，潘玉涛，译. 上海：上海古籍出版社，2013.
② 沟口雄三，小岛毅. 中国的思维世界. 孙歌，等，译. 南京：江苏人民出版社，2006.
③ 杨裕富. 传统设计美学原论. 台北：暖暖书屋文化事业股份有限公司，2014.
④ 陈俏巧. 从宋代茶具看当时的社会风尚. 浙江树人大学学报（人文社会科学版），2006（6）：132-135.
⑤ 孙长初. 中国古代设计艺术思想论纲. 重庆：重庆大学出版社，2010.
⑥ 李尾咕. 宋代建安茶文化与日本茶道. 九江职业技术学院学报，2007（2）：88-90，85.
⑦ 李尾咕. 北苑贡茶盛行于宋代的成因探考. 农业考古，2014（5）：253-257.
⑧ 马守仁. 唐宋时期禅宗寺院茶汤煎点礼仪. 农业考古，2017（2）：152-159.
⑨ 竺济法. 茶史求真. 北京：光明日报出版社，2023.
⑩ 王欣星. 茶之"静"与宋代文人的内敛深沉. 丝绸之路，2010（8）：60-62.
⑪ 王欣星. 茶与宋人尚"清"的美学观. 荆楚理工学院学报，2010，25（10）：46-48.
⑫ 沈冬梅. 茶与宋代社会生活. 北京：中国社会科学出版社，2007.
⑬ 沈冬梅. 茶的极致：宋代点茶文化. 上海：上海交通大学出版社，2023.
⑭ 闫谨. 从苏轼的茶诗中看宋代茶文化的特点. 四川民族学院学报，2010，19（3）：50-52.
⑮ 于巧. 舌尖上的咏茶词——宋代咏茶词研究. 西昌学院学报（社会科学版），2015，27（2）：18-20，41.
⑯ 郑宁. 宋瓷的工艺精神. 哈尔滨：黑龙江美术出版社，2012.

and Material Cultures in Middle Period China）[①]，包宇恒《中国的文艺复兴：宋代的文化和艺术》（*Renaissance in China: The Culture and Art of the Song Dynasty*）[②]。

总的说来，研究宋代器物、宋代茶文化以及宋代思想的文献很多，它们或是通过器物的造型、样式、流变研究器物本身的发展状况，或是仅在思想层面研究某一流派的发展变化（参见附录表1）。但专门研究茶器的文献很少，以宋代古籍为基础研究其设计理念与制作思想的更是寥若晨星。

当前，我国工艺美术理论研究呈现三种趋势：一是研究内容不断细化，诸如传统器具设计研究、器皿造型样式研究，以及古代金银器、陶瓷器研究等，仅在陶瓷方面，就分化出某一造型、某一釉色、某一纹饰的断代与细化研究。二是交叉学科不断建立与发展。随着学科分工的细化，建立和发展交叉学科成为必然趋势。三是以学科为基础的理论体系研究不断发展。对于各学科的理论研究，在国外已经形成一个传统或者惯例，而中国一直以来的学科界限就不明显，以各学科为基础建立的理论体系比较模糊。随着我国国力的不断增强，对于中国本土的设计理论体系的研究逐渐成为一个新的趋势。由此，我们急需建立一个具有中国特色的理论体系，探讨本国的价值标准。本书便是在此趋势的基础上，试图以文献学、考古学、古汉语学等学科研究方法探讨建立在宋代古籍基础上的本土茶器知识体系。

[①] Ebrey P B, Huang S-S S. Visual and Material Cultures in Middle Period China. Leiden: Brill Academic Publishers, 2017.

[②] Bao Y H. Renaissance in China: The Culture and Art of the Song Dynasty. New York: The Edwin Mellen Press, 2007.

三、研究内容与结构

（一）本书涉及的宋代茶器相关古籍

为了尽可能真实地了解宋人的茶器设计理念和制作思想，本书尽可能使用发行于宋代，并且年代较早的、后人改动较少的原始资料，尤其是北宋年间有关茶器的著作，还使用了宋人撰写的，发行于宋代的古籍，并不局限于正史中的材料，以及广泛查找宋人笔记、诗词，结合宋代的书画和传世器物整体考察。

另外，《宋史》是元人所著，但其内容为宋代历史。由于元代与宋代相隔时间不久，可以认为其比较客观地反映了宋代的史实。因此《宋史》也在本书研究的语料范围内。宋代与茶器相关的古籍有 115 种。茶书有 35 种，其中20 种已佚；史书有 3 种；礼学相关古籍有 2 种；佛教相关古籍有 3 种；道教相关古籍有 4 种；笔记类古籍有 14 种；诗集 12 种；诗话 5 种；文集 19 种；类书（不包括茶类古籍）4 种；小说 3 种；游记 1 种（见图 1-1）。其中，诗集、诗话、文集中的内容有重合。诗话是宋代新兴的一种文体，主要内容是对诗词的评论。因此，与诗集会有重合。宋代的文集主要收录个人著作，其中有关诗歌的内容与诗话、诗集亦会有重合。

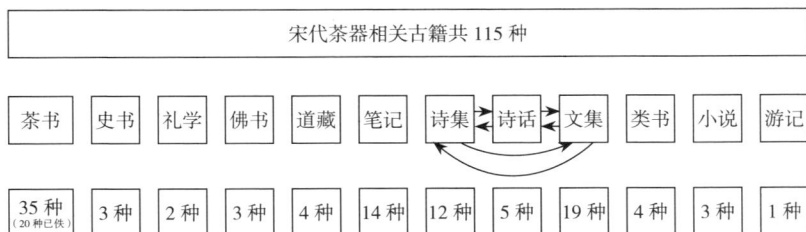

图 1-1　宋代茶器相关古籍

运用文献学方法研究宋代茶器时，首先需要区分文献的类别。《宋会要》属于文献汇编，原书已不存，目前能看到的只有清人的《宋会要辑稿》。它保存了宋代的诏书、奏章、典章制度等内容。元代所编的《宋史》共四百九十六卷，是二十四史中体量最大的一部。它虽然是史书，但编写时间很短，很多材料是直接从宋朝的史料中摘取的。在这两部书中可以找到大量北宋皇帝批阅过的文件原文或概要，宋徽宗创作的诗歌、书法、绘画作品，以及他写给道士的多封亲笔信。此外，在宋徽宗时期的官员文集、宋徽宗身后数十年间编纂的笔记小说里，也可以找到很多有用的材料，它们至少可以提供一些线索。

此外，阅读文献时，需要站在客观的立场上。宋徽宗因亡国而被后人诟病，但他在文学艺术等方面的卓越才华应该得到公允的评价，包括在茶器、饮茶等方面的贡献。也就是说，我们需要从被扭曲的、被部分遮蔽的原始材料中找到有用的信息，并结合其他信息，把被扭曲的矫正，把被遮蔽的尽可能还原。这并非完全不可能的事，有时只需要把看问题的立场转换一下即可。例如，对于弹劾皇帝宠臣的奏章，如果站在被指责的人立场上，往往认为是负面的文献，但如果把立场换为皇帝，则可以获取很多信息，包括弹劾者的动机、目的等。文人笔记也是很好的材料。但其中所记载的，未必全部是真实可靠的。不过即使是虚假的谣言，也可以作为我们思考问题的线索，例如，它为什么是谣言，是谁造的谣，是什么时候造的谣，造谣的动机和目的是什么，结果如何。坊间有不少广为流传的宋徽宗故事，它们中的很大一部分是基于谣言和传闻，需要具体分析。研究与茶器相关的材料，还需要注意材料中主角的情感，必要时应该进行心理和情感分析。

就茶器类古籍而言，我们对已知33种茶书作者的籍贯、所担任职务进行了统计。从作者的学识和职务看，大部分是进士出身，从皇帝到地方官员都有有关茶的著作。这一方面证实了饮茶在宋代蔚然成风，另一方面说明对于茶器的关注是自上而下的。官方的品位自然会影响民间对饮茶方式以及茶器的审美、使用。皇帝、士大夫纷纷为茶器著书立说，无形中产生了一种宣传推广效应。

　　从作者的籍贯可以看出，宋代茶类著述作者中福建人占绝对多数，他们所述均为建茶，在福建做过官的所述（《北苑茶录》《北苑别录》）亦为建茶。另外，《大观茶论》《茶论》亦述建茶；《茶具图赞》虽没指明，但其所述茶器及使用方式与建茶的饮用方式相差无几，因此也断定为建茶；虽然《北苑杂述》《北苑修贡录》《壑源茶录》《龙焙美成茶录》《建茶论》原文已佚，但题名中北苑、壑源为现福建建阳地区，龙焙为北苑贡茶名，建茶更不必说，所述也是建茶。《述煮茶泉品》《大明水记》关注煮茶水质问题，《本朝茶法》《茶法易览》所述为有关茶的法律，也离不了建茶。

　　由于在这 33 种与茶器相关的古籍中，福建系及描述建茶的内容占据绝大多数，可以断定在宋代，建茶是社会的主流，饮茶方式及其相对应的茶器是公认的饮用建茶的程序。这套程序的奠定著作是蔡襄的《茶录》。由此，宋代有关茶器的古籍中所列茶器顺序大多与《茶录》基本类似。

　　随着对宋代茶器语料的研究，综合宋代茶书中有关茶器的表述，按照宋代饮茶习惯，本书逐渐勾勒出了以蔡襄《茶录》中所述茶器名称及使用顺序为主的制茶—藏茶—炙茶—罗碾—候汤—熁盏—点茶—清洁的宋代饮茶流程图。其中，由于不同作者对饮茶与茶器的侧重点不同，每个步骤中所列茶器名称也有差别。例如，盏又称碗，本书把它们归为同一种器皿使用类别进行讨论；通过同一茶器语料在宋代不同文本、语境出现的情况（利用鼎秀古籍全文检索平台、爱如生中国基本古籍库等电子检索平台），判断其在宋代的设计与使用方式；通过不同茶器语料所指的同一茶器，判断其造型和使用的类别与来源；通过这些语料在检索平台上出现的最早年代，判断其最初的含义及用途，进而与宋代茶器两相比对，定位具体的茶器语料在宋代社会关系网络中的位置。

　　最后，以宋徽宗和苏轼为主要线索，讨论宋代有关茶器的两种不同的设计思想。一方面，试图抛弃史学家对宋徽宗"玩物丧志"观点的论述，从他的著作、颁布的诏令、诗词、书画等方面理解他对茶器的态度；另一方面，作为北宋的士大夫和对社会有极大影响力的人物苏轼，他对茶器的态度基本可以影响到文人、士大夫及普通民众的审美。

（二）本书的结构

本书从两个不同的角度探讨宋代茶器的设计理念与制作思想，以便读者从一个立体的角度理解宋代茶器的设计理念与制作思想。首先，把古籍作为传世之"器"，以"器以载道"的思路梳理和阐述宋代茶器的设计理念。其次，梳理、总结宋人散落在古籍中有关茶器的思想，从"道以成器"的角度探讨宋代茶器的制作思想。

本书并不以涵盖宋代所有茶器为目的，而是选取有代表性的古籍，结合宋人的饮茶风尚加以论述。这些古籍体现了宋人茶器的审美思想，而他们的这一思想，对后世中国乃至东亚文化都有深远影响。由于涉及面相当广，不少议题是之前学者几乎没有关注过的，也没有成果可供参考。笔者只能抓住比较重要的和有代表性的古籍展开论述，希望可以抛砖引玉。

本书分五章，第一章是绪论，内容包括研究背景、研究意义、研究目标、研究内容、文献综述、文章结构、主要内容、研究方法和创新点。第二章和第三章主要从"器以载道"的视角论述宋代古籍中的茶器。第二章从宏观角度着重比较北宋与南宋茶器造型、种类的区别和联系；第三章按照宋代建茶从茶叶采摘到饮用清洁所需茶器的顺序具体论述宋代茶器语料。在此基础上，第四章主要从"道以成器"的角度论述宋代古籍中的茶器，通过具体的古籍探讨宋代不同社会阶层的茶器设计理念与制作思想。第五章根据以上研究得出最终结论（见图 1-2）。

宋代古籍中的茶器设计理念与制作思想研究
|
绪论
|
研究背景与研究意义 —— 国内外相关文献综述 —— 研究目标与研究内容 —— 研究方法 —— 研究范围与限制
|
文章结构

以器观人   器以载道   互相影响   道以成器   以人看器

语料   宋代茶器语料   宋代不同社会阶层的茶器思想

器物   北宋文献中的茶器语料   南宋文献中的茶器语料

- 北宋茶器语料概述 增多 • 南宋茶器语料概述   • 皇帝
- 建茶及相关茶器语料 减少 • 建茶及相关茶器语料   • 士大夫
- 其他茶种与茶器 增多 • 其他茶种与茶器   • 僧人
                                                  • 民间文人

宋代古籍中的茶器   宋代不同学派的茶器思想   学派思想

- 模具
- 藏焙   北宋的茶器思想 发展细化 南宋的茶器思想
- 罗碾   • 儒   • 儒
- 盛茶   • 释   • 释
- 点茶   • 道   • 道
- 候汤
- 清洁   "礼"在器物上的不同体现   器

礼   大部分器物造型源于《礼记》

总结

"药"的转化 —— "礼制"的下沉
药   官方推崇
| |
饮   主流思想的转化

多元化的茶器样貌

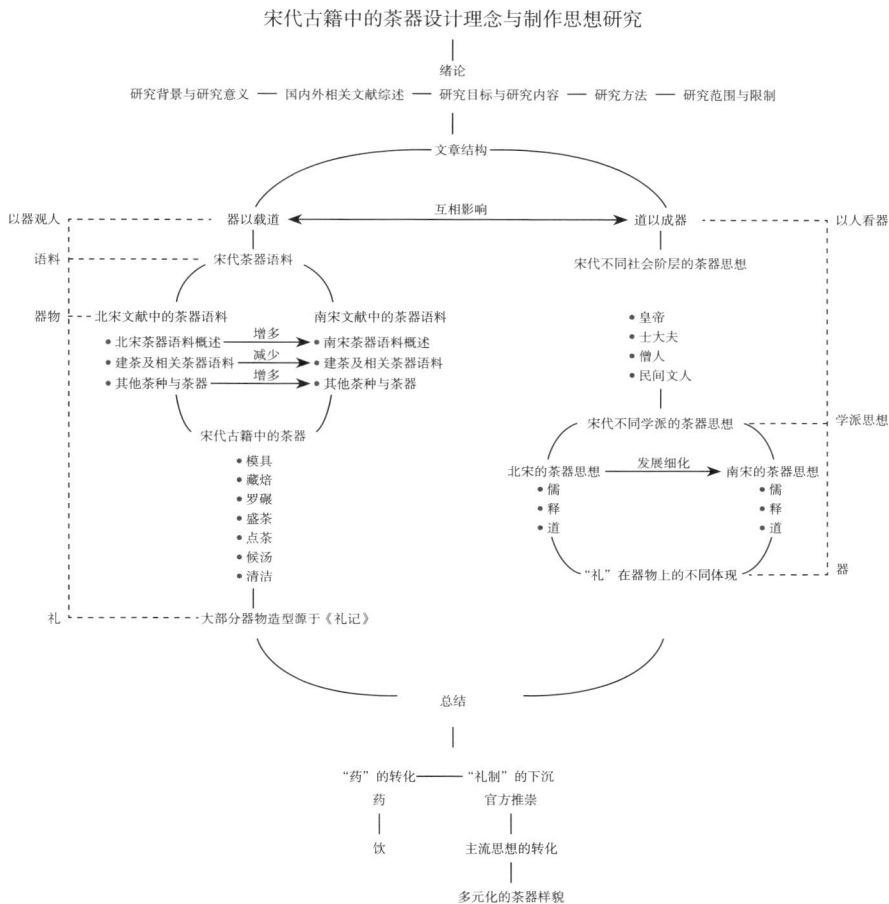

图 1-2 本书结构

四、研究方法

首先，运用文献调查法，利用国内外图书馆、网络数据库等资源，建立宋代古籍语料库；广泛搜集国内外相关文献及相关的研究成果，尤其是有关宋代茶器的部分。在此过程中，尽可能多地利用文献学、语言学、历史学、目录学、编辑学、艺术学等相关理论的研究方法，探讨和整理宋代茶器相关古籍的基本概念和基础理论问题。

其次，梳理和归纳搜集到的相关资料，包括文献名称、编纂者、内容概要、所属类别、版本信息等。通过构建表格法，将这些宋代茶器相关古籍按照时间顺序排列，这样对宋代茶器相关古籍编纂数量及其类别可以做到一目了然，进而总结出相关古籍的成书年代、价值取向。

再次，通过归纳比较的方法，将目前有关古籍的定义进行罗列，比较其异同，并以此为据界定本书的内容和范围；通过归纳宋代不同时期茶器相关古籍的特点，进而窥探宋代茶器思想的形成和发展；通过搜集每种宋代茶器相关古籍的版本，归纳其特征，比较其异同，运用考证学的方法，向世人提供可供参考的依据。

在这一过程中，通过专题研究，将宋代每个社会阶层的茶器相关古籍作为一个专题，进行系统而深入的研究，对其相关研究成果逐一进行搜集、整理和研究，系统探讨宋代各社会阶层对茶器的看法态度。必要时，发掘每个阶层所编纂的非茶器类相关古籍的内容，以期发现他们对茶器和其他器物文献在编纂风格上的影响，方便对宋代茶器相关古籍得出更全面、立体的结论。

最后，通过跨学科综合研究法，即运用文献学、历史学、目录学、版本学、美学、艺术学、设计学等相关学科的理论和方法，系统研究宋代茶器蕴含的技术哲学、技术社会学、技术文化学等思想。

五、本书的创新点

（一）完善宋代茶器序列

本书通过对现存宋代茶器相关古籍的考察，完善了宋代从制茶到饮茶的每个环节所使用器物的序列，厘清了传世器物在其成型年代的使用方式，通过对古籍内容的梳理，填补了某些现已消失的茶器造型及其使用方式，完善了宋代茶器序列，在局部厘清了一些传世器物的称谓以及成型源流。

（二）完善宋人的茶器思想研究

本书通过对宋代茶器相关古籍内容的搜集、整理、研究，得出结论：宋代茶器的原型大多出自《礼记》，其设计理念是"礼制"的延续，其使用场景的变化体现了"礼制"思想的下沉。

（三）完善宋代茶器源流研究

总的来说，宋人关于器物的思想逐渐从"礼"转变为"赏"。宋代制茶方面的古籍实证了茶"药食同源"的理论，饮茶方面的古籍印证了"礼制"思想的物化，器物从满足"神"的需求转向满足"自我"的需求。

第二章

宋代茶器语料

一、北宋古籍中的茶器语料

（一）北宋茶器语料概述

宋代最先撰写茶器相关著作的是丁谓（966—1037 年）。可惜原文已经佚失，只能从蔡襄《茶录》与《宣和北苑贡茶录》《郡斋读书志》《苕溪渔隐丛话》等文本中略见一二。丁谓于太宗至道年间任福建转运使，摄北苑茶事，他所写的茶类著作与建茶相关。蔡襄在《茶录》里称丁谓的著作为《茶图》，主要内容是采摘和制作北苑贡茶的方法。《郡斋读书志》里载丁谓的著作名为《建安茶录》，其中"图绘器具，及叙采制入贡方式"，可见，丁谓的茶书中记载了饮茶相关器具的造型样式。《宣和北苑贡茶录》称丁谓的著作中有部分关于"蜡面茶"的记载。《苕溪渔隐丛话》里仅收录其两首茶诗。由此可知，丁谓茶书的主要内容是介绍宋初北苑贡茶的采摘、制作情况，并绘有茶器图样。当然，《茶图》《建安茶录》与《宣和北苑贡茶录》里所说的《茶录》是不是同一部著作，尚需考证。

丁谓之后出现的茶器相关著作是蔡襄的《茶录》。他在做福建转运使时，对茶叶的制作与茶器的研究相当精到，创制了小团龙茶，为建茶的制作、茶器的材质与使用制定了一套标准，并通过进贡皇帝、送朋友等方式宣传和推广了建茶与茶器。在《茶录》中，与茶器相关的内容在下篇，主要有九类：茶焙、茶笼、砧椎、茶钤、茶碾、茶罗、茶盏、茶匙、汤瓶。

蔡襄文中没有出现的筅和杓是宋代点茶的必要器具，但这并不能证明蔡襄所述饮茶方式与徽宗时有所不同。他在《茶录》上篇专门介绍了点茶的方法。另外，蔡襄把自己创制的小团龙茶进献给皇帝，得到了仁宗的赏识，与此同时，他把这种茶送给自己的亲友，进一步宣传了建茶以及相关茶器。

蔡京（1047—1126 年）是蔡襄的堂弟，崇宁元年（1102），为右仆射兼门下侍郎（右相），后官至太师，兴花石纲之役。他执政期间，修改了盐法和茶法。其中著名的《茶笼篰法》详细规定了茶笼的规格、尺寸、质地，为本书第三章茶笼部分的研究提供了线索。另外，沈括（1031—1095 年），总结了北宋有关茶叶的律令，写成《本朝茶法》，收录于其著作《梦溪笔谈》卷十二中。《梦溪笔谈》较为详细地介绍了北宋时期有关茶叶买卖的法令。

宋徽宗是宋代继蔡襄后第二位详细介绍点茶及点茶器物的人。他在《大观茶论》里把茶叶的种植、采摘、制作及品饮融为一体，在茶的领域体现了"天人合一"思想。在这一思想基础上，加入了"器"的内容，详细介绍了饮茶每个阶段所使用茶器的造型样式及材质，丰富了茶道的内容。

至此，经过蔡襄的研发，徽宗在统治阶层的宣传，点茶及其所使用的茶器成了宋代品茶的官方标准，建茶成为宋代茶叶的第一品牌。与之相应的茶器制作自然也是精益求精，甚至成为时人争相收藏的藏品。《丞相魏公谭训》有载：

> 一寺僧收兔毫盏，甚奇。迁道访之求观，果尤物也。问可酌茗乎？僧骇曰："某藏之什袭数十年，时出一玩，岂可沜水？"后至京西又闻襄邓间一僧畜葫芦瓢尤奇，亦往求观。复问："可研茶乎？"僧亦惊曰："此可玩不可研，研则有折缺之患。"君谟叹曰："盏既不可烹，瓢既不可研，

不知将何用？世之有虚名无寔用冒叨禀禄者亦若此矣。"①

丞相魏公即北宋名臣苏颂（1020—1101 年），《丞相魏公谭训》是苏颂的家训。此书作于苏颂去世后 40 年，内容包括经世治国、饮食起居的伦常。上述引文记载了僧人把茶器当作宝物收藏，并以蔡襄的口吻表示：茶器如果不拿来使用就失去了其本来的价值，进而驳斥世间那些徒有虚名的人。作者是站在传统儒家思想"君子不器"的立场看待这件事情的，但此事亦从另外一个角度证实了，北宋时期，茶器已经作为独立的欣赏对象存在了。

在徽宗与蔡襄及其家族对建茶、建盏的宣传下，北宋的文人、士大夫开始以"白茶黑盏"作为主要的审美取向。苏轼就在他的诗文中多次提到了建盏，使茶盏上升到一个新的文化高度。他的《游诸佛舍，一日饮酽茶七盏，戏书勤师壁》借用了唐代卢仝《走笔谢孟谏议寄新茶》中有关"七碗茶"的表述："……一碗喉吻润，两碗破孤闷。三碗搜枯肠，唯有文字五千卷。四碗发轻汗，平生不平事，尽向毛孔散。五碗肌骨清，六碗通仙灵。七碗吃不得也，唯觉两腋习习清风生。"他在《送南屏谦师》中把建盏与茶色相提并论，使建盏从静态变成动态，把玩赏建盏与饮茶时的心情联系在一起。黄庭坚《山谷别集》、廖刚《高峰先生文集》里都相继收录了类似的诗文。由此，苏轼拓展了以"白茶黑盏"为主流的审美取向，一股饮茶赏器的热潮就这样在北宋年间产生了。

根据以上研究，可以梳理出一条北宋茶器语料的脉络：首先是丁谓在做福建转运使的时候向朝廷介绍了北苑贡茶，在他的著作《建安茶录》里有茶器的图示。蔡襄创制了小团龙茶，把其作为贡品进献给皇帝并向亲朋好友强烈推荐了这种茶。蔡襄的堂弟蔡京多次修改宋代茶法，并明确规定了宋代官用茶引的大小形制。苏轼从文人角度进一步拓展了建茶"白茶黑盏"的审美取向。宋徽宗通过《大观茶论》进一步明确了这种饮茶方式。换言之，首先

---

① 苏象先. 丞相魏公谭训. 上海：商务印书馆，1936.

权臣发现并向皇帝引荐建茶，接着进一步优化建茶品种并确立建茶的饮用程序，然后通过制定法律的形式进一步明确茶的规格、种类。在这一过程中，文人也参与进来，大力宣扬建茶在审美方面的作用；更甚者，皇帝也参与到规定建茶饮用方式的队伍中。当然，在推行建茶饮用方式的活动中，徽宗的影响力是最大的。

《宋史》中除了有一些茶法相关条款的记录，并没有有关徽宗《大观茶论》的记载。存世的原始文献也将北宋的灭亡归结为徽宗违背了传统中国对一位君主的定义。并且，相关文献更倾向于把北宋的灭亡归结于徽宗的"玩物丧志"上，这也影响了很多现今中国及世界上研究宋代文化的学者。魏希德指出，历史上对徽宗的负面评价并不是元、明时期的史学者为庆祝他们统一中国而发明的，相反，是直接从宋代某些强烈抨击绥靖政策的大臣那里援引的。[1] 在徽宗即位前，章惇便曾表示反对，他认为端王（指赵佶）轻佻，不可以君天下。[2]《通鉴续编》评论："自古人君玩物而丧志，纵欲而败度，鲜不亡者，徽宗甚焉，故特著以为戒。"[3]

这在国外的学者看来是非常奇怪的。他们从另外的角度看待这一问题。艾朗诺认为，"北宋末在艺术品鉴（包括书法碑帖、古玩等）、诗歌评论、花卉种植和填词论词等诸多领域出现的新变化无一不在南宋得到了继承和更充分的发展"[4]。伊佩霞认为，在宋代，我们的现代概念是不存在的。政府和受过教育的阶层所收集的文物、实物是过去的痕迹，可以让人进入历代伟人的思想。这些物品不仅仅是美学上的赏心悦目的装饰，而且可与书籍和文件相媲美。[5]

[1]　De Weerdt H. Information, Territory, and Networks: The Crisis Maintenance of Empire in Song China. Harvard: Harvard University Asia Center, 2016.
[2]　陈桱. 通鉴续编. 影印文渊阁四库全书. 台北：台湾商务印书馆，2008.
[3]　陈桱. 通鉴续编. 影印文渊阁四库全书. 台北：台湾商务印书馆，2008.
[4]　艾朗诺. 美的焦虑：北宋士大夫的审美思想与追求. 杜斐然，刘鹏，潘玉涛，译. 上海：上海古籍出版社，2013.
[5]　Ebrey P B. Accumulating Culture: The Collections of Emperor Huizong. Washington: University of Washington Press, 2008.

（二）建茶及相关茶器语料

北宋建茶及相关茶器语料主要出现在蔡襄《茶录》和徽宗《大观茶论》里，但两者在饮茶程序和个别茶器的使用上有细微的差别。《茶录》的饮茶程序是藏焙—罗碾—盛茶—点茶—候汤。《大观茶论》在此程序上增加了分茶，另外把藏焙放在饮茶的最后一道程序中，具体程序为罗碾—盛茶—点茶—候汤—分茶—藏焙。在具体语料的使用上，《大观茶论》相对《茶录》更加简洁。《大观茶论》在所有饮茶环节上只使用一个语料，而《茶录》在藏焙部分有两个语料，在罗碾部分有四个语料。另外，《茶录》中使用的点茶器具是茶匙，《大观茶论》中使用的是筅。《大观茶论》中也有类似茶匙的器物，但与茶匙并不完全一样。《茶录》中的茶匙明确说明是金银材质，用来在茶碗中点茶；而《大观茶论》中的杓容量是"受一盏茶量"，因此必定不是点茶的器具。根据《文会图》等宋代流传下来的图像资料来看，《大观茶论》所指杓更有可能是分茶时使用的器具（见图2-1）。

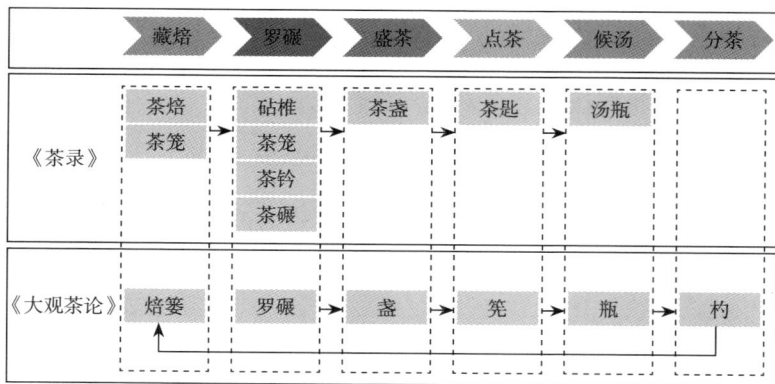

图 2-1 《茶录》与《大观茶论》饮茶程序与茶器语料对比

（三）其他茶种与相关茶器语料

北宋饮茶的发展是一个以绿茶与越窑茶器为主流转变为以建茶与建窑茶器为主流，并且其他茶种和茶器也争相效仿建茶与建窑茶器的过程。由于徽宗与蔡襄的影响极大，建茶及其茶器作为饮茶的首选已经成为一种风尚，以至于掩盖了其他茶种的光彩。宋代一则有关范仲淹诗句的讨论便说明了这个问题。范仲淹言："黄金碾畔绿尘飞，碧玉瓯中翠涛起。"这里的"碧玉瓯"即指青瓷茶盏，"翠涛"是指绿茶汤。胡舜陟在《胡少师总集》中对此句提出了质疑：

> 五代时郑遨茶诗云："嫩芽香且灵，吾谓草中英。夜臼和烟捣，寒炉对雪烹。惟忧碧粉散，常见绿花生。最是堪珍重，能令睡思清。"范文正公诗云："黄金碾畔绿尘飞，碧玉瓯中翠涛起。"茶色以白为贵，二公皆以碧绿言之，何邪？[①]

茶对于佛教的影响在北宋的佛教典籍中得到了集中体现。《碧岩录》《景德传灯录》《石门文字禅》等文献中多次出现茶与茶器相关内容。佛教把茶引入经典中使得宋代僧人多有与士大夫交流的记载，他们之间的交流势必产生新的思潮。北宋时期形成的禅茶一味思想与苏轼的点茶三昧论不无关系。

佛教偏爱使用玻璃盏。《碧岩录》中即有："却吃茶，文殊举起玻璃盏子云：'南方还有这么？'着云：'无'。"[②]此段文字即佛教饮茶使用玻璃茶盏的见证。使用玻璃作为茶盏饮茶暗合了佛教四大皆空的理念。但佛教徒并不全是用玻璃茶盏喝茶，"无常"或许才是佛教所认定的常态，正如引文中所述，文殊菩萨在问及南方是否也用玻璃茶盏喝茶时得到的回答是无。这一点在《石门文字禅》中也有印证，其多次提到茶与茶器，但不论是茶的品种还是茶

---

① 胡舜陟. 胡少师总集. 续修四库全书. 上海：上海古籍出版社，2002.
② 圆悟克勤. 碧岩录. 刘德军，点校. 北京：民主与建设出版社，2017.

器的造型种类都不是固定的。

二、南宋古籍中的茶器语料

（一）南宋茶器语料概述

正如前文所述，《茶录》和《大观茶论》定义了饮茶程序和规则，通过皇帝、士大夫、文人的追捧，形成了一整套以建茶为中心的茶礼。

通过对南宋茶器语料的搜集研究发现，南宋的茶礼程序更加市井化。熊蕃、熊克的《宣和北苑贡茶录》详细介绍了北苑贡茶茶模的形制；审安老人更是以戏谑的口吻给茶器冠以官职，并附以名、字、号，以倡导以茶礼利人的思想。南宋的茶坊瓦肆间，更是形成了话本，使得这种茶礼在百姓中普及。佛教则把茶当作传播佛法的工具，其不看重茶与茶器的种类，而是把茶作为礼佛论道、以茶弘法的媒介。

（二）建茶及相关茶器语料

1.《宣和北苑贡茶录》

确切地说，《宣和北苑贡茶录》依然是北宋茶器相关古籍。因其成书于宣和年间，内容是北苑贡茶的情况并附图。本书将此书归为南宋，仅仅是因为其在绍兴年间补录。学界针对这本书的研究大多仅将其作为北苑贡茶的补充材料。但大量的北苑贡茶茶模的绘图，无疑对本书的主题具有极大助益。诚如熊克所述："先人但著其名号，克今更写其形制，庶览之者无遗恨焉。"[1]

《宣和北苑贡茶录》的作者是熊蕃、熊克父子。由于书中提到宣和七年（1125），因此断定该书是熊蕃在此年所作。其子熊克于绍兴二十八年（1158）增补了熊蕃著作中茶模的形制三十八图，并注明详细尺寸，增加其父所作采

---

[1] 郑培凯，朱自振. 中国历代茶书汇编. 香港：商务印书馆（香港）有限公司，2007.

茶歌共计十首，附于篇末。[①]

此书在《直斋书录解题》《宋史》《文献通考》都有提及。今传刊本有：（1）明喻政《茶书》本；（2）宛委山堂《说郛》本；（3）《古今图书集成》本；（4）《文渊阁四库全书》本；（5）《读画斋丛书》本；（6）涵芬楼《说郛》本等。

《宣和北苑贡茶录》是一本介绍宋代北苑贡茶茶模的书。书中所述茶模材质有竹圈银模、银圈模和铜圈银模等。由于保存难、使用少，宋代茶模随着北苑贡茶的没落而消失了。但通过此书我们可以一窥当时茶模风貌。北宋以来，对北苑贡茶的记载多见于诗文中，文字与图像相结合的详细介绍非常稀少。因此，此书是研究宋代茶模造型样式的宝贵文献。

2.《茶具图赞》

如果说蔡襄、徽宗把茶与器结合起来是为了表达饮茶过程中的"礼制"的话，那么《茶具图赞》则把这一思想表达得更加直白。书中把点茶时所使用的器具以调侃的方式冠以官职、加以字号，使得点茶更加具有仪式感。

《茶具图赞》今传刊本有：（1）明沈律《欣赏编》本；（2）明汪士贤《山居杂志》本（附在陆羽茶经后）；（3）明喻政《茶书》本（附在陆羽茶经后）；（4）明胡文焕《百家名书》本；（5）明胡文焕《格致丛书》本；（6）《文房奇书》本；（7）明宜和堂《茶经》附刻本；（8）明郑熜校刻《茶经》本；（9）《丛书集成初编》本等。[②]

对于《茶具图赞》的作者究竟是谁，学界说法不一。但根据目录末行题"咸淳己巳五月夏至后五日审安老人书"，多认定作者为审安老人。作者为什么不以真实姓名落款可能有两点原因：其一，作者为隐士，不愿暴露自己的真实姓名；其二，传统儒学"形而下者谓之器""君子不器""玩物丧志"等思想在南宋依然是主流，使得作者在写这本以"器"为主要内容的著作时，

---

① 郑培凯，朱自振．中国历代茶书汇编．香港：商务印书馆（香港）有限公司，2007.
② 郑培凯，朱自振．中国历代茶书汇编．香港：商务印书馆（香港）有限公司，2007.

有意隐去真实姓名，以防同僚不齿。

不过，通过文中作者对各茶器的赞语可知，作者运用传统儒家思想构建各茶器名称以及相互关系，使得饮茶成为一种仪式。明代朱存理在《茶具图赞》后序中写道：

> 制茶必有其具，锡具姓而系名，宠以爵，加以号，季宋之弥文。然清逸高远，上通王公，下逮林野，亦雅道也。赞法，迁、固经世康国斯焉攸寓，乃所愿与十二先生周旋，尝山泉极品以终身，此闲富贵也，天岂靳乎哉？[①]

朱存理把茶文化称作"雅道"，称从王公贵族到林野乡间都盛行此道，并将其与"经世康国"联系在一起，进而将十二种茶器（"十二先生"）视为这种"雅道"行使过程中所使用的法器。这虽然看似游戏之文，实寓含作者的经世思想，茶器成为"礼制"与"德治"的载体。

（三）其他茶种与相关茶器语料

南宋时期建茶不再是社会主流的茶种，随之而来的是饮茶品种与饮茶方式百花齐放的局面。南宋民间饮茶风尚主要体现在话本中。

话本是流行于宋元时期的一种白话小说，是民间艺人的说唱底本。宋代说唱技艺多出现在酒楼茶肆，因此，话本中多出现与茶相关的语料。本书选用程毅中的《宋元小说家话本集》[②]为数据来源，分析其中有关宋代茶器的内容。经统计，出现频次最多的是"茶坊"69次，"茶博士"64次；其次是"茶"54次，"吃茶"23次，"点茶"20次，"茶汤"10次；然后是"茶钱"9次，"茶酒"8次，"献茶"8次，"茶肆"8次，"茶盏"5次，"茶

---

① 郑培凯，朱自振. 中国历代茶书汇编. 香港：商务印书馆（香港）有限公司，2007.
② 程毅中. 宋元小说家话本集. 北京：人民文学出版社，2016.

饭"5次，"拜茶"3次，"待茶"3次，"茶铺"2次，"分茶"2次，"煎茶"2次，"茶香室丛抄"2次，"苏小卿月夜贩茶船"2次，"茶盘"2次，"点茶婆婆"2次，"啜茶"2次，"饮茶"2次，"茶房"2次，"茶商"2次，"供茶"2次，"茶市"2次，"卖茶人"2次，"泡茶"1次，"茶谱"1次，"钞茶"1次，"茶果"1次，"茶点"1次，"花茶"1次，"茶杯"1次，"嗅茶"1次，"奉茶"1次，"清茶"1次，"品茶"1次，"茶合"1次，"会茶"1次。

由此可见，南宋最常见的饮茶场景是茶坊与茶博士。有意思的是，在话本中还出现了一类人"点茶婆婆"，此类人的点茶技艺没有茶博士高超，因此仅以工种和性别命名。在茶的种类上，基本上是以"茶"来命名，说明南宋民间饮茶对茶的质量没有特别的追求。饮茶方式上，有点茶、煎茶，而点茶出现的次数明显高于煎茶。从饮茶的行为来看，有献茶、拜茶、待茶、分茶、啜茶、饮茶、供茶、泡茶、嗅茶、奉茶、品茶、会茶。这些行为多与"礼"有关。与茶器相关的，有茶盏、茶盘、茶合。但是，它们出现的频次都不算高。另外，蔡襄所推崇的饮茶标配兔毫盏鲜少出现在南宋话本中。

由此，本书认为，南宋时期饮茶虽不再以建茶唯尊，使用的茶器也不具有系列性和特定性，但是北宋皇帝、士大夫推崇的饮茶方式以及与之相对应的饮茶礼仪已经深入民间。

在对宋代茶器语料的搜集和整理过程中，可以发现蔡襄及其家族在北宋茶器的形制构建和推广方面做了巨大贡献。蔡襄不仅研发了小团龙茶，还对饮用建茶的茶器做了具体说明。他创制的茶种受到了宋仁宗与宋徽宗的赏识，宋徽宗撰写了《大观茶论》，进一步深化了蔡襄的茶器思想。蔡襄的堂侄蔡絛在《铁围山丛谈》里详细介绍了制作建茶的情况。蔡絛的父亲、蔡襄的堂弟蔡京制定了《茶笼篰法》，规定了运输茶叶所使用茶笼的官方标准，这一法规一直沿用到南宋。在蔡襄及其家族的努力下，形成了一个由政府参与的建茶及其茶器的宣传和推广通道。这种宣传和推广不论是从级别还是从形式来看，在整个中国古代社会都是罕见的。对于建茶及其茶器的宣传到了南宋已经转弱，元以后几乎消失了。但从日本流传下来的四件建窑茶器（分别收藏于日本静嘉堂文库美术馆、京都的大德寺龙光院、大阪的藤田美术馆、大阪市立东洋陶瓷美术馆），依然可以感受到国家机器参与茶器的审美与制作中所带来的巨大力量。在蔡襄及其家族的推崇与宣传下，宋代的茶器达到了前所未有的高度。尽管蔡襄在建茶及其茶器上所做的努力在今天很少有人提及，但从如今流落到海外以及散落在收藏家手中的建窑茶器来看，这种以政府乃至国家力量参与推动的器物设计及制作无疑是成功的。

北宋的茶器创造了历史上不可逾越的高峰。然而，到了南宋，这种情况发生了变化。通过对宋元时期的话本研究得知，虽然建茶及其茶器在南宋话本中少有提及，但是蔡襄等人所建立的以整套茶器串联起来的饮茶方式以及依据这种方式形成的人与人相互交往的礼仪已经深入民间。《茶具图赞》是北宋茶礼在民间发展的见证，而丰富多样的话本更是提供了宋代民间饮茶的语料。

南宋的僧院间发展出"禅茶一味"的饮茶文化，这与佛教人士与士大夫之间的交流密不可分。宋代茶器不仅是佛教弘法的载体，而且成为佛教中国化、佛法东传的见证。

第三章

宋代古籍中的茶器

本章根据北宋建茶从采制到饮用的程序具体论述宋代茶器。制茶器具的名称主要参考蔡襄的《茶录》与徽宗的《大观茶论》，并结合《宣和北苑贡茶录》《茶具图赞》等确定。制茶程序依次为：模具—藏焙—罗碾—盛茶—点茶—候汤—清洁。在这些程序中，模具环节所使用的茶器称为茶模，有些古籍称作模或者圈。藏焙所使用的茶器主要为茶焙和茶笼，茶焙也叫筤或者甋；茶笼的称谓比较多，有盒（合）、筐、奁、囊、筜、箱等。罗碾部分使用的茶具主要有砧椎、碾、罗、钤。盛茶部分使用的茶具主要有盏托、茶盏、茶床。茶盏又叫杯、瓯、碗。点茶的茶器主要有茶筅和茶匙，茶筅又叫筛。候汤的茶器有汤瓶和茶勺，汤瓶又叫缶、壶，茶勺也叫杓。清洁用的茶器主要有茶巾和帛，茶巾有些地方称作布。从模具到罗碾是制茶的程序，其中的茶器大多可以前推到汉代制药的器具；从盛茶到清洁是饮茶的程序，其中的茶器大多可以前推到汉代有关礼仪的器具。

本章结构如图 3-1 所示。首先，根据从制茶到饮茶的顺序分别论述各相关茶器；其次，从更古老的文本中找出各种茶器的制作和使用源头，判断其最初的用途；最后，根据以上研究与宋代茶器的使用方式做比对，探讨茶器在历史进程中角色的转变规律。通过对宋代茶器的探讨，发现制茶部分（模具、藏焙、罗碾）的茶器大部分来源于汉代制药的器具；饮茶部分（盛

茶、点茶、候汤、清洁）的茶器大多来源于汉代祭祀、礼仪、宴饮中使用的
器具。

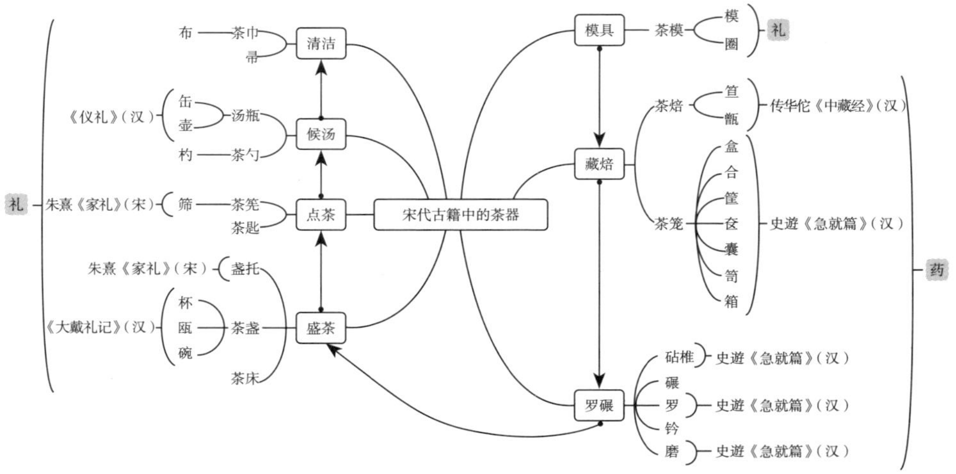

图 3-1　宋代茶器语料溯源

一、模具

"模"与"摸""摹"最初的含义与使用方式非常接近，大多都与
"道""德"放在一起讨论。不同的是，"模"被当作名词使用，而"摸"是
作为动词来使用的。"模"最早出现在周代的古籍中，用来形容人的具有典
范性的行为。开始时"摸"的含义与"模仿"接近。贾谊（公元前200—前
168年）《道德说》阐明了"道"与"摸"的关系：

> 道者无形，平和而神。道有载物者，毕以顺理和适行。故物有清而
> 泽，泽者鉴也。鉴以道之神，模贯物形，通达空窍，奉一出入为先，故
> 谓之鉴。鉴者，所以能也。见者，目也，道德施物，精微而为目。是故
> 物之始形也，分先而为目，目成也形乃从。是以人及有因在气，莫精于

目，目清而润泽若濡，无毳秽杂焉，故能见也。由此观之，目足以明道德之润泽矣，故曰"泽者，鉴也"，"生空窍，通之以道"。①

道有载物的属性。物又有"清"和"泽"的属性，泽相当于"鉴"。"模"指能够模仿物的形状，因此具有"鉴别"的属性。"鉴"与"见"相关，"见"指能够体会道的精微之处。因此，目可以"见"，"见"能够"鉴"，"泽"又与"鉴"同，能够了解在物之上的"道"（见图3-2）。

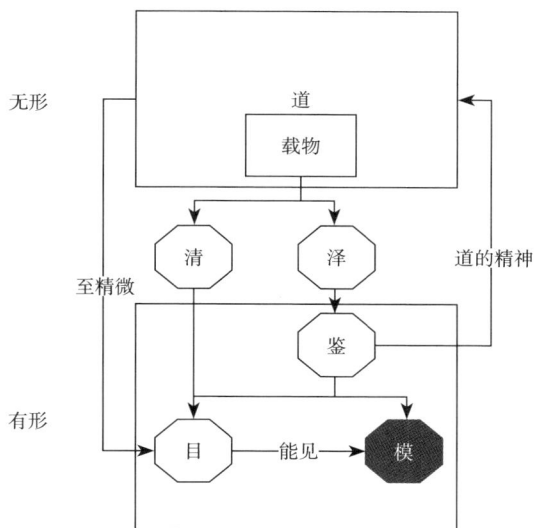

图 3-2　"道"与"模"的关系

《道德说》中的"摸"原为撲，如果按照《系辞》中有关"以制器者尚其象"的思想来理解，"摸"作为"无形"与"有形"之间观察客观事物并模仿客观事物的介质，在"有形"的具体形态中传达无形的"道"。通过对客观规律"道"的观察描摹建立起了造物世界包括人类精神现象在内的与客观世界

① 贾谊. 新书校注. 阎振益，钟夏，校注. 北京：中华书局，2020.

互相呼应的联系。

"模"在秦汉以来的文献中，更多与做人的准则联系在一起。《扬子法言》在继承了这一思想的基础上，进一步把人的行为与器物结合在一起讨论："圣人乐陶成天下之化，使人有士君子之器也。"其下自注："陶者无模范则泥不成器，圣人无礼制则人不成君子。"这里把陶模与圣人所制之礼相类比，模是制器的必要工具，礼是成为君子的必要条件。《汉书》也载："圣王制世御俗，独化于陶钧之上。"以此说明"制世御俗"与"制陶"原理类似。

在唐代陆羽《茶经》中，"模"始用于制茶。宋代的模具呈现多样发展的趋势。茶模不仅具有制作茶饼的功用，而且具有区别不同时期、不同品种的茶叶的功能，更进一步，达到了独立被欣赏的审美功用。宋代有关茶模的记载主要集中在《宣和北苑贡茶录》中。另外，《品茶要录》《负暄杂录》也略有提及。

《宣和北苑贡茶录》是熊蕃、熊克父子所著。熊蕃是北宋时期建阳（今福建建阳）人，曾任北苑茶官。熊蕃之子熊克于 1158 年摄事北苑。熊蕃著《宣和北苑贡茶录》时只列举了茶的名称，没有形制。熊克把绘图加入其中，另外加上熊蕃所作茶歌十首，为我们研究宋代茶模提供了宝贵线索。

北苑贡茶最初的茶模是太平兴国初年的龙凤模具，这是为了区别其他茶种。之后出现了一种生长在山崖中的茶，叫"石乳"；另外又有一种叫"白乳"。接着蔡襄创造了小团龙茶。在元丰年间（1078—1085），又出现了一种新茶叫密云龙。从这些茶叶的质量来看，石乳、白乳优于龙凤，密云龙优于石乳、白乳。在这些茶种中，又分为不同批次。欧阳修在《龙茶录后序》中记录了时人对茶模制作的小团龙茶的珍爱：

> 茶为物之至精，而小团又其精者，录叙所谓上品龙茶者是也。盖自君谟始造而岁贡焉。仁宗尤所珍惜，虽辅相之臣未尝辄赐。惟南郊大礼致斋之夕，中书、枢密院各四人，共赐一饼，宫人翦金为龙凤花草贴其上。两府八家分割以归，不敢碾试，相家藏以为宝，时有佳客，出而传

玩尔。至嘉祐七年，亲享明堂，斋夕始人赐一饼。余亦忝预，至今藏之。余自以谏官供奉仗内，至登二府，二十余年，才一获赐，而丹成龙驾，舐鼎莫及，每一捧玩，清血交零而已。因君谟著录，辄附于后，庶知小团自君谟始，而可贵如此。治平甲辰七月丁丑，庐陵欧阳修书还公期书室。①

以上所述小团龙茶茶模的形制在《宣和北苑贡茶录》中有详细记载（见图3-3）。这种茶模通体银质，按照宋代的度量衡②计算，直径约为14厘米。可见，由茶模制作出来的小团龙茶已经成为文人、士大夫争相追捧的对象，俨然成为宋代茶叶的第一品牌。具有区别其他茶种作用的茶模的属性，也印证了前文模之"鉴"的作用。按照《宣和北苑贡茶录》，宋代茶模有方形、圆形、梅花、六角、樱花、椭圆、多瓣、长方等形状，材质有竹、银、铜。

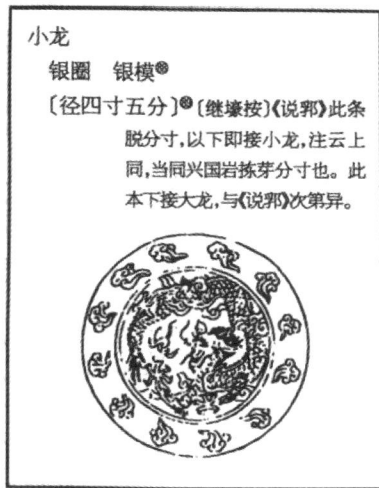

图3-3 小团龙茶造样
资料来源：朱自振，沈冬梅，增勤. 中国古代茶书集成. 上海：上海文化出版社，2010.

综上，本书认为，模是把无形的"道"变为有形的可以区分物体的媒介。不仅宋代的茶模强化了这一功能，受到皇帝以及士大夫追捧的茶种更加强化了这一功能，甚至"镂金为龙凤花草贴其上"以强调这种与众不同的质量。其也从最初仅具有"区别"作用转变成独特的产品，甚至成为藏品。

---

① 郑培凯，朱自振. 中国历代茶书汇编. 香港：商务印书馆（香港）有限公司，2007.
② 宋代度量衡1丈＝10尺，1尺＝10寸，1寸＝10分（1尺约合今30.7厘米）。

二、藏焙

藏焙，分为"藏"和"焙"两部分。藏的部分主要指收纳茶叶的茶器，具体有盒、筐、夆、囊、筥、箱等；焙的部分主要指烘烤茶叶的茶器，具体有笪、甑等。自唐至宋有关这部分的古籍比较如表 3-1 所示。

表 3-1　唐宋茶书中藏焙相关语料

茶书	藏焙相关语料
《茶经》（唐）	籯（篮笼）、穿、育、甑、焙、棚、贯
《茶录》（宋）	茶笼、茶焙
《大观茶论》（宋）	藏焙
《茶具图赞》（宋）	韦鸿胪

资料来源：郑培凯，朱自振.中国历代茶书汇编.香港：商务印书馆（香港）有限公司，2007.

从表 3-1 可知，藏焙部分的茶器在唐代种类比较繁多，到了宋代逐渐减少。《茶录》简化为茶笼和茶焙，《大观茶论》仅以"藏焙"概括，《茶具图赞》仅记录了韦鸿胪（茶焙）一种。可见，自唐到宋，用于藏焙的茶器呈现逐渐简化的趋势。

（一）茶焙

"焙"最早被记载下来是在汉代。华佗《中藏经》、张仲景《伤寒论》都出现了焙，其主要作用是烘烤汤药。唐代开始用来烘茶叶。陆羽《茶经》有载："焙，凿地深二尺，阔二尺五寸，长一丈。上作短墙，高二尺，泥之。"[1]这说明在唐代用来烘烤茶叶的焙是一半在地下，另一半在地上的。换算成现

---

[1]　郑培凯，朱自振.中国历代茶书汇编.香港：商务印书馆（香港）有限公司，2007.

在的长度单位厘米，地下部分大约深 66 厘米，宽 83 厘米，长 333 厘米；地上的部分砌成约 66 厘米高的矮墙。这样的构造一方面可以防止焙墙过高被风吹倒，另一方面可以起到很好的保温作用。《茶经》里还有另一种类似于烘焙茶叶用途的器具叫"育"，"育"是竹编的，在外面糊上纸，中间有隔，上面有盖子。中间放一个器皿用来贮存热灰煴物，使其一直保持温热状态。到了宋代，依地而建的茶焙不再出现在茶类书籍中，类似《茶经》中"育"的器物得以延续使用。《宋史·食货志·茶上》记载：

> 茶有二类，曰片茶，曰散茶。片茶蒸造，实卷模中串之，唯建、剑则既蒸而研，编竹为格，置焙室中，最为精洁，他处不能造。[①]

从这里可以看出，宋代的茶叶有两种形式：片茶和散茶。片茶即饼茶，是用模具压制出来的。只有建安一带的茶蒸造后还会研磨，放在用竹子编制的茶焙中烘干。由此可见，在宋代，茶焙在建安一带最为盛行。那么，宋代茶焙是什么形制呢？蔡襄《茶录》对它的形制做了较为详细的说明：

> 茶焙，编竹为之，裹以箬叶，盖其上，以收火也。隔其中，以有容也。纳火其下，去茶尺许，常温温然，所以养茶色香味也。[②]

据此，宋代的茶焙是竹编的，外面用箬叶裹住；上边也用箬叶覆盖，用来吸火气；在器物中间放一个隔，用来盛放茶叶；竹编下面空心，方便生火。器物底部与盛放茶叶的地方有"尺许"，30 厘米左右，时刻保持温火，以滋养茶叶的色香味。

---

① 脱脱，等. 宋史·食货志·茶上. 二十四史全译. 上海：汉语大词典出版社，2004.
② 郑培凯，朱自振. 中国历代茶书汇编. 香港：商务印书馆（香港）有限公司，2007.

南宋审安老人在《茶具图赞》里以官职命名茶器，并绘有具体形制，让我们对茶焙有了更直观的了解。以拟人的手法，用官职命名茶器，是受儒家礼制的影响，说明南宋时期饮茶已逐渐成为一种仪式。与后来诞生于日本的《卖茶翁茶器图》相对照，不难看出茶器在这一过程中的演变。

图 3-4 《茶具图赞》中的茶焙
资料来源：郑培凯，朱自振. 中国历代茶书汇编. 香港：商务印书馆（香港）有限公司，2007.

在《茶具图赞》里，茶焙被称作韦鸿胪[1]（见图 3-4）。鸿胪是一种官职，《汉书·律历志上》记载："夫推历、生律、制器、规圆、矩方、权重、衡平、准绳、嘉量，探颐索隐，钩深致远，莫不用焉。"审安老人把茶焙作为整个饮茶仪式的开始，由"韦鸿胪"掌管茶器在使用过程中的顺序、形制、方式等。他在《茶具图赞》里对茶焙有这样的赞语：

　　赞曰：祝融司夏，万物焦烁，火炎昆冈，玉石俱焚，尔无与焉。乃若不使山谷之英堕于涂炭，子与有力矣。上卿之号，颇著微称。[2]

上卿是周朝官职之一，为周王室和各诸侯国最尊贵的臣属的名称，后泛指朝廷重臣。审安老人认为，在饮茶的过程中，茶焙是最重要的，因此称为上卿。

根据审安老人绘制的茶焙，并结合蔡襄对茶焙形制的描述，笔者绘制了

---

① 郑培凯，朱自振. 中国历代茶书汇编. 香港：商务印书馆（香港）有限公司，2007.
② 朱自振，沈冬梅，增勤. 中国古代茶书集成. 上海：上海文化出版社，2010.

一幅茶焙结构图（见图 3-5）。但这里有一个疑问，这种茶焙下面的火是怎么保持"温温然"的？如果是木材在下面，燃烧的时间会很短，火势可能很猛；如果是用炭，那么是直接放在下面，还是用其他的器具盛放呢？

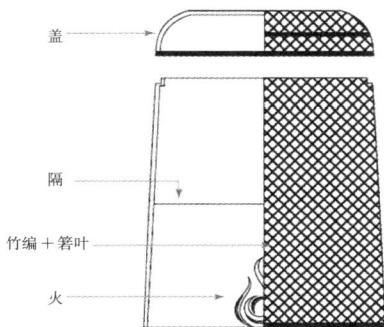

盖

隔

竹编＋箬叶

火

图 3-5　茶焙结构

黄儒在《品茶要录》里回答了这个问题："……上笪焙之。用火务令通彻，即以灰覆之，虚其中，以热火气。然茶民不喜用实炭……"[①] 这里介绍了"火"的详细用法：用炭点燃，上面覆上草木灰，使火势不要太旺，（生好火后）再把茶焙置于其上。

现藏于日本早稻田大学的《卖茶翁茶器图》或许可帮助我们了解《茶录》里盛火的器具。日本煎茶道始于陆羽《茶经》，南宋时，荣西禅师把茶种、茶艺从中国带回日本，煎茶开始在日本流行。虽然此书讲日本古代茶道器具，我们亦可窥见唐宋古器形制的大略。"卖茶翁"是日本江户时代煎茶道中兴之祖高游外的别号。他是一位以茶修行的僧人，57 岁的时候开始摆摊卖茶，其茶旗上写着："百两不嫌多，半文不嫌少，白喝也可以，只是不倒找。"他这种以茶修行的方式引起时人追捧，并争相效仿。卖茶翁在临终之际，把他所

---

① 顾宏义. 茶录（外十种）. 上海：上海书店出版社，2015.

圍爐

使用的茶器全部销毁。此书作者木村孔阳氏于 1883 年 [①] 把卖茶翁生前所使用的茶器绘制出来,共模写卖茶翁茶具 33 件,1940 年由市岛谦吉先生捐赠给早稻田大学。此书中有一件茶器被称作炉围,与《茶录》中所说茶焙在形制上较为类似,其材质也是竹编的,表面有张纸,上面有梅庄禅师的题跋:"炎炎者德,岂曰中热君子。克番外虚内实,弗卫必散,弗保必灭。爱保爱卫,具焘有烈。"图的左半部分写着:"(今)在所不详。"(见图 3-6)从名称可知,这种器物是盖在炉子外面的。这种类似茶焙的器物传到日本,虽然大体的造型和使用方式保持不变,但是具体的用途已不详。

这本书里还有一幅名为小炉的图(见图 3-7),作者注明了其具体形制:小炉为倒梯形,下面有个口,炉的两边有把手。尺寸为高四寸五分,口径大约是二寸五分。按照长度换算公式,这个小炉高 15 厘米,口部直径大约 8.3 厘米。

小炉之后还有一幅名为炭篮的图,右侧标注:"径五寸深一寸。"左侧标注:"两品共,在所不详。"(见图 3-8)这里所标注的直径尺寸大于小炉的口径,因此,不可能是放在小炉里的。据此猜想,在炭放到小炉之前,先在篮子里点燃,然后再放入小炉里。

按照《卖茶翁茶器图》里小炉的形制,并结合《茶录》里提到的茶焙的尺寸,其应该正好可以放到蔡襄所说茶焙的下方。那么,《茶录》中提到的"火"应该是这种小炉燃的。根据《卖茶翁茶器图》,笔者修改了茶焙的形制

---

① 书后自注写于癸未阳月,按干支纪年法,癸未年为 1883 年、1943 年。此书于 1940 年捐赠给早稻田大学,因此,成书时间推断为 1883 年。

（见图 3-9）。茶焙的底部应该是放置一只高约 15 厘米的小炉，使用时，先用小炉盛放点燃的炭，接着用草木灰覆盖炭，使火势不要太猛，然后把茶焙盖在小炉上面，最后在茶焙的隔上放上蒸过的茶叶。

图 3-7 小炉
资料来源：《卖茶翁茶器图》。

图 3-8 炭篮
资料来源：《卖茶翁茶器图》。

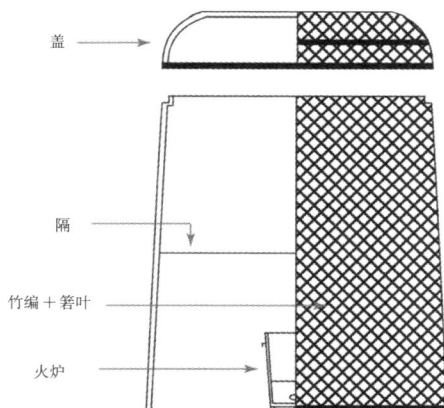

图 3-9 修改后的茶焙结构

为什么茶焙到了宋代变得"小而美"了呢？这与宋人对茶质量的追求有关。宋代的焙茶蕴含着宋人对天人思想的运用。在中国，自古以来，人们看待世界的方式是以"天"与"人"的关系为基准的。围绕着这一层关系，形成了人们的世界观、人生观、价值观，乃至具体到采茶的行为方式、茶焙的造型样式。《考工记》认为，制造的总体思想是："天有时，地有气，材有美，工有巧。合此四者，然后可以为良。"①根据这一思想，建茶的制作在宋代达到了顶峰。

建茶始于五代，一位叫张廷晖的农民将自家茶山献给闽王，开启了北苑贡茶历史；宋代改进了茶焙的形制，可以生产更加精良的茶叶。宋初丁谓在做福建转运使时所著《茶录》②首次记载了建安茶，传说他在任期间创造了龙凤团茶；蔡襄任福建转运使时，创造了小团龙茶，小团龙茶得到皇帝的首肯，并成为每年进贡的佳品。这种以宋代茶焙精工细作制作成的小团龙茶，受到当时社会的追捧。宋徽宗在《大观茶论》里记载：

> ……而天下之士，历志清白，竞为闲暇修索之玩，莫不碎玉锵金，啜英咀华，较箧笥之精，争鉴裁之妙；虽否士于此时，不以蓄茶为羞。③

由此可见，当时收藏、品鉴茶叶已经形成了一种社会风气。

《大观茶论》记载："茶工于惊蛰，尤以得天时为急。"④北苑（今建瓯，以下皆用建瓯）的气候，早春时多雨，晴天时多雾，中午不热，常年平均气温在14—20摄氏度，适合茶叶生长。采茶时间取决于天气，如果天气较暖，则在惊蛰之前采摘；如果天气较冷，则在惊蛰之后采摘。一般而言，惊蛰之后几天采摘的茶要比之前的茶好。具体时间多在凌晨太阳未出之时。这就是

---

① 林兆珂. 考工记述注. 四库全书存目丛书. 济南：齐鲁书社，1997.
② 郑培凯，朱自振. 中国历代茶书汇编. 香港：商务印书馆（香港）有限公司，2007.
③ 郑培凯，朱自振. 中国历代茶书汇编. 香港：商务印书馆（香港）有限公司，2007.
④ 郑培凯，朱自振. 中国历代茶书汇编. 香港：商务印书馆（香港）有限公司，2007.

《考工记》提到的"天有时"。

建瓯凤凰山一带山川走势奇特，山南的土质中含矿物质，银、铜比较多，山北含铅、铁比较多，而且水资源丰富，适合茶叶的生长。蔡絛在《铁围山丛谈》里写道：

> 建谿龙茶始江南李氏。号北苑龙焙者，在一山之中间，其周遭则诸叶地也。居是山号正焙。一出是山之外则曰外焙。正焙、外焙，色香必迥殊。此亦山秀地灵所钟之有异色也。[①]

《诗话总龟》记载：

> ……今出处壑源、沙溪，土地相去丈尺之间，品味已不同，谓之外焙，况他处乎？则知虽草木之微，其显晦亦自有时。[②]

北苑龙焙就是今建瓯凤凰山，只有这座山产的茶叶叫正焙，这山之外的茶叶制作出来的味道相差甚远，都叫外焙。这就是《考工记》所说"地有气"。

采摘茶叶要用指甲，不能用手指，因为指甲可以快速掐断茶梗，而手指的温度会破坏茶叶的营养成分。采摘的时候要选择鲜嫩的茶芽，精心收集起来。《大观茶论》载："凡芽如雀舌、谷粒者为斗品，一枪一旗为拣芽，一枪二旗为次之，余斯为下茶。"[③]可见，即使是在北苑凤凰山的惊蛰时节，太阳还没出的早晨采摘的茶叶也分不同等级。这样精挑细选的茶叶必定需要更加精致严密的茶焙。这就是《考工记》所说"材有美"。

---

① 蔡絛. 铁围山丛谈. 北京：中国书店，2018.
② 阮阅. 诗话总龟后集. 周本淳，校点. 北京：人民文学出版社，1987.
③ 郑培凯，朱自振. 中国历代茶书汇编. 香港：商务印书馆（香港）有限公司，2007.

在蒸焙的时候要控制好火候，使它的香气充分散发出来。《大观茶论》描述说：

> 焙用热火置炉中，以静灰拥合七分，露火三分，亦以轻灰糁覆，良久即置焙篓上，以逼散焙中润气。然后列茶于其中，尽展角焙之，未可蒙蔽，候火通彻覆之。火之多少，以炷之大小增减。探手炉中，火气虽热而不至逼人手者为良。时以手挼茶体，虽甚热而无害，欲其火力通彻茶体耳。[①]

宋徽宗在这里详细说明了茶焙的使用方法：先烧好炭，然后放到炉子里，用草木灰盖在火上，只露一点火苗。等火势减弱，把焙篓放在火上，使火气驱散茶焙中的湿气。接着把茶叶放到焙篓里，都展平摊匀。先不要盖上茶焙的盖子，等到茶叶受热均匀后，再盖上盖子。这就是《考工记》所说的"工有巧"。

这些环节的其中之一没做好，都会影响茶叶最终的味道。茶焙在整个蒸焙的过程中，起到发散茶叶香气的作用。这样精挑细选的茶叶，必定不会是大量的，所以要小心蒸焙。由此，宋代的茶焙相较于唐代，更加小巧精致。

总的来说，宋代茶焙的形制是结合宋人的饮茶方式设计制作的。茶焙是由竹子编制的，外面裹有箬叶以便在蒸焙的时候保温，茶焙中的隔起到了类似现在蒸笼的作用。这种做法在宋代比较普遍，但到明代，随着饮茶方式的改变，茶焙的形制也发生了改变。由此可见，传统的设计并不是凭空臆造的，而是在符合传统造物思想的基础上，根据对产品的需求，结合天时、地利、材质，通过人们的认知、审美等价值观念而创造出来的。

最后，借用陆游的《文章》一诗结束本部分：

---

① 郑培凯，朱自振. 中国历代茶书汇编. 香港：商务印书馆（香港）有限公司，2007.

文章本天成，妙手偶得之。粹然无疵瑕，岂复须人为。

君看古彝器，巧拙两无施。汉最近先秦，固已殊淳漓。

胡部何为者，豪竹杂哀丝。后夔不复作，千载谁与期？①

（二）茶笼

"茶笼"一词最早出现在宋代。但在宋代的茶书中，只有《茶录》对它做了较为详细的说明。在《大观茶论》里，茶笼与茶焙归于一类，统称藏焙。本部分通过宋代茶书对茶笼的描述，并结合宋代文献中有关茶笼的记载，试图描绘出茶笼在宋代的样貌。

1. 茶笼的用途及材质

（1）茶笼的用途。蔡襄在《茶录》里对茶笼是这样记载的："茶不入焙者，宜密封，裹以箬，笼盛之，置高处，不近湿气。"②这里可以得出三个结论：其一，茶笼与茶焙的功用不同，茶焙是烘烤茶叶的，茶笼是储藏茶叶的。其二，茶叶在放进茶笼之前，要用箬叶包裹住，然后再放到茶笼里。箬叶在宋代常被用来给茶叶保鲜。它在茶叶蒸焙的过程中也有使用，用来裹在茶焙外面，使焙室里的火气不要太猛以至损伤茶叶原有的香气。其三，茶笼要放置在高处，使茶叶不受潮气。

（2）茶笼的材质。蔡襄虽然指明了茶笼的使用方式，但是，没有说明茶笼的材质。《大观茶论》对茶笼的材质有比较明确的介绍："焙毕，即以用久竹漆器中缄藏之，阴润勿开，如此终年再焙，色常如新。"③茶叶在蒸焙以后，藏在竹子做的漆器中，可以起到隔绝空气中湿气、保持茶叶色泽的作用。这种用竹子做的漆器即茶笼。

但是，宋代的茶笼并不都是竹质的漆器。陆游诗中便有："便挂朝冠亦良

---

① 陆游. 剑南诗稿. 影印文渊阁四库全书. 台北：台湾商务印书馆，1982.
② 郑培凯，朱自振. 中国历代茶书汇编. 香港：商务印书馆（香港）有限公司，2007.
③ 郑培凯，朱自振. 中国历代茶书汇编. 香港：商务印书馆（香港）有限公司，2007.

图 3-10　黄涣墓出土银茶笼

资料来源：陈邵龙. 邵武市黄涣墓出土宋代茶具研究. 福建
文博，2014（3）：30—34.

易，金铜茶笼本相忘。"诗下自注："往昔尝使闽者例馈茶三年，今不讲已久，余盖未沾及也。"[①]这里可以得出两点有关茶笼的结论：其一，茶笼有金、铜材质的；其二，使用这种金铜材质茶笼的人至少是做过官者。1998 年 11 月，福建北部邵武市水北镇故县村发现一座墓葬，墓主人黄涣的随葬物品中有一件以银丝编织成斜六角形镂空图案的方盒。经鉴定，是宋代茶笼（见图 3-10）。这是迄今所见唯一出土的宋代茶笼。墓主人黄涣（1147—1226 年），为朱熹弟子黄榦黄氏家族成员，历任太学博士、京西议幕、岳州知州等职。其墓出土的茶笼为银质。

2. 茶笼的形制与容量

（1）宋代茶笼的形制。徽宗、蔡襄虽然对宋代茶笼的材质、用途作了大致的说明，但是，我们对茶笼的具体形制还是不清楚。遗憾的是，宋代有关茶笼的资料很少，只有少许资料侧面描写了宋代茶笼的形制。《宋高僧传·唐彭州九陇茶笼山罗僧传》有载："……其山若雉堞状，虽高低起伏而中砥平。俄有里人耆老曰古相传云茶笼山矣。"[②]这里写的是类似茶笼的地形：这座山就像雉堞一样高低起伏，但中间是平坦的，因此叫作茶笼山。雉堞就是古代城墙上锯齿状的矮墙，方便守城者在打仗时自我掩护。由此可知，茶笼应该

---

① 陆游. 剑南诗稿. 影印文渊阁四库全书. 台北：台湾商务印书馆，1982.
② 曹学佺. 蜀中广记. 影印文渊阁四库全书. 台北：台湾商务印书馆，1982.

是类似于扁盒状造型。前文提到的黄涣墓出土的茶笼印证了这一猜测。

（2）宋代茶笼的容量。司马光《涑水记闻》载："……靖置银百两于茶筐中，托人饷之。所托者怪其重，开视，窃银而致茶于仝。"[1] 筐，即竹质的圆茶笼。一百两银子放在大到可以藏匿小孩的茶笼里，重量可以忽略不计了。如果放在方便携带的茶笼里，是可以明显感受到其重量的。宋代的百两银子约相当于现在的3730克，银子的密度是10.5克每立方厘米。按照体积计算公式，百两银子体积约为355.24立方厘米。《涑水记闻》载所托之人奇怪茶笼之重，可见，这个茶笼应该不是很大。但是，并没有记载所放茶叶的重量，对于其所记载茶笼的体积，依然不能妄下结论。好在金盈之《醉翁谈录》卷三有类似的记载："适寄茶笈中有金三十两、蜀茶二斤以谢。"30两金约相当于今天的1119克，金的密度是19.32克每立方厘米，按照体积计算公式，30两金的体积约为58立方厘米。宋时四川地区盛产蒙顶茶，其属绿茶类，这里的蜀茶应该就是指蒙顶茶。蒙顶茶在唐代多以煎茶的方式饮用，到了宋代，由于皇帝和士大夫推崇建茶，因此，也被以制作点茶的手法做成茶饼或者茶砖。宋代的2斤相当于今天的1193.64克，蒙顶茶属于绿茶，其密度为0.266克每立方厘米，按照体积计算公式，约为4485立方厘米。

前文黄涣墓出土茶笼底面边长10厘米，高9.5厘米，其体积是950立方厘米。《涑水记闻》里所载茶筐，100两银355.24立方厘米加些许茶叶是可以承载的，但是黄涣墓出土茶笼体积减去银的体积所能盛载的茶叶并不多。《醉翁谈录》里明确说明笈中"有金三十两、蜀茶二斤"，金加茶叶的体积约为4543立方厘米，远远大于黄涣墓出土茶笼。因此，这个体积亦适用于《涑水记闻》里所载茶笼。

那么，类似黄涣墓出土的茶笼是盛放什么茶叶的呢？笔者推测为北苑贡茶茶饼。北苑贡茶在宋徽宗和蔡襄的大力推崇下，已价比黄金。欧阳修在

---

[1] 司马光. 涑水记闻. 影印文渊阁四库全书. 台北：台湾商务印书馆，1982.

《归田录》里写过："茶之品莫贵于龙凤，谓之小团，凡二十八片重一斤，其价直金二两。然金可有而茶不可得。"[1] 这么珍贵的茶，势必会用更加精致的包装。蔡襄《端明集》有载："龙凤茶八片为一斤，上品龙茶每斤二十八片。"[2]《渑水燕谈录》作上品龙茶一斤二十饼。按照这个记载，龙凤茶每片约 62.5 克，商品化笼茶每片约 17.8 克，《渑水燕谈录》作上品龙茶每片约 25 克。可见，黄涣墓出土的茶笼是完全可以盛放北苑贡茶茶饼的。

以上所述都是私人使用的茶笼，但是，茶笼在宋代官方有统一的形制。《宋史·食货志·茶下》载：

> 政和二年，大增损茶法。凡请长引再行者，输钱百缗，即往陕西，加二十，茶以百二十斤；短引输缗钱二十，茶以二十五斤。私造引者如川钱引法。岁春茶出，集民户约三岁实直及今价上户部。茶笼箬并皆官制，听客买，定大小式，严封印之法。[3]

茶笼箬法是蔡京为了统一茶税设立的法案。这个法案规定了茶商卖茶必须使用官方茶笼，但《宋史》里没有记载这种茶笼的具体尺寸。根据大量生产、长途运输的使用需求来看，这种官方统一规格的茶笼应该是竹子编制的，并且体积比较大。因为这种材质相对于金属，重量轻便，价格低廉，适合运输。《回溪先生史韵》"茶笼中匿王昭诲"下有注："五代王镕子，见诲字"，是说五代时期赵国君主王镕身死，其子藏在茶笼中以躲避搜捕的故事。由此可以断定，五代时期的茶笼至少可以藏下一个孩子。在北宋，茶笼具有统一规格并批量生产。《东都事略》卷二十九记载了制作茶笼的事迹："雄州谍者尝告虏中要官间遣人至京师造茶笼燎炉，允则使倍与直作之，织巧无毫发之

① 欧阳修. 归田录. 影印文渊阁四库全书. 台北：台湾商务印书馆，1982.
② 蔡襄. 端明集. 影印文渊阁四库全书. 台北：台湾商务印书馆，1982.
③ 马端临. 文献通考. 影印文渊阁四库全书. 台北：台湾商务印书馆，1982.

异耳。"① 可见，北宋官方制作的茶笼不仅有统一的形制，连编制方式都有严格的规定。

综上所述，宋代茶笼是有不同材质和尺寸的，要根据其用途（携带、收藏）而定。宋代官方为了收纳茶税，严格规定了茶笼的形制，官方的茶笼比私人收藏所用的茶笼要大很多。茶笼没有实物流传下来，是因为草木易腐，无法持久保存。经过蔡襄的理论认定与宋徽宗的官方认可，并结合宋人对茶笼造型的描述与黄涣墓出土的器具，我们可以推测，北宋广泛流行的茶笼应该是以竹篾制作的带盖扁盒。南宋达官贵人家里开始使用金属材质的茶笼，普通百姓仍然使用竹编茶笼。

三、罗碾

唐代主要的饮茶方式是煎茶，即把茶末放入锅中煮，待水开饮用；宋代的饮茶方式是点茶，点茶的主要方式是把茶粉放到茶盏中，倒入煮开的水。无论是煎茶还是点茶，都需要有研磨好的茶粉。因此，制作茶粉的器具成为饮茶过程中必不可少的茶器之一。具体的使用步骤是：先用砧椎把茶饼捣碎，然后用茶钤夹起来炙烤一下，接着用茶罗罗出不够细碎的茶，最后用茶磨进一步把茶叶磨成粉状。表 3-2 列出了陆羽《茶经》与宋代三本记载茶器的古籍中罗碾涉及的茶器。《茶经》中有关的茶器有承、檐、扑、芘莉、杵臼、棨、碾、罗合、夹。《茶录》中罗碾有关的茶器有砧椎（承）、钤（夹）、碾、罗（罗合）。《大观茶论》以罗碾概括。《茶具图赞》比之前茶书多了茶磨。由此判断，自唐到南宋，磨茶的工艺更加多样，对茶粉的要求更高了。

表 3-2　唐宋茶书中罗碾相关语料

茶书	罗碾相关语料
《茶经》（唐）	承（台、砧）、檐、扑（鞭）、芘莉（篚子、筹筤）、杵臼、棨（锥刀）、碾、罗合、夹
《茶录》（宋）	砧椎、茶钤、茶碾、茶罗
《大观茶论》（宋）	罗碾
《茶具图赞》（宋）	木待制（砧椎）、金法槽（茶碾）、罗枢密（茶罗）、石转运（茶磨）、宗从事（茶帚）

资料来源：郑培凯，朱自振.中国历代茶书汇编.香港：商务印书馆（香港）有限公司，2007.

（一）砧椎、茶臼

砧椎和茶臼是造型与用途相同的茶器。茶臼即砧，是木质的；椎是由金，或者铁制作而成。砧最早出现于晋代郭璞的《尔雅注》中。在南北朝文献《庾开府集》中，有"长思浣纱石，空想捣衣砧"[①]。可知砧最初是洗衣服的器具。在唐代砧也多出现在诗集中，描述捣衣的场景。在陆羽《茶经》中把砧称作杵臼，并说还可以叫作椎。由此可以断定，砧椎在唐代开始用作茶器。

或许是由于砧椎的造型和用途与茶臼相同，在宋代有关茶器的古籍中没有出现"茶臼"这一名称。但根据鼎秀古籍全文检索平台，可检索到29条宋代有关"茶臼"的词条。茶臼一词最早出现在唐代的古籍中。陆羽在《茶经》写道："《广雅》云，荆巴间采茶作饼，成以米膏和之，若煮饮先炙令色赤，捣末置瓷器中，以汤烧覆之，用葱姜芼之……"虽然《广雅》并没有相关记

---

① 庾信.庾开府集笺注.影印文渊阁四库全书.台北：台湾商务印书馆，1982.

载，但是，可以肯定的是，唐代已经开始使用茶臼碎茶了。

宋代《茶录》是这样形容的："砧椎，盖以碎茶，砧以木为之，椎或金或铁，取于便用。"[1] 由此可知，砧椎是两件茶器：砧是木质的，椎是金属材质。这两件茶器结合起来共同完成碎茶的任务。秦观在《茶臼》一诗中对茶臼的材质和用途描绘得比较详细：

> 幽人耽茗饮，刳木事捣撞。
> 巧制合臼形，雅音侔柷椌。
> 灵室困亭午，松然明鼎窗。
> 呼奴碎圆月，搔首闻铮鏦。
> 茶仙赖君得，睡魔资尔降。
> 所宜玉兔捣，不必力士扛。
> 愿偕黄金碾，自比白玉缸。
> 彼美制作妙，俗物难与双。[2]

从此可以看出，茶臼是木质的，这印证了蔡襄在《茶录》中对砧的描述。"愿偕黄金碾"说明茶臼跟茶碾是配套使用的器具。苏轼《新岁展庆帖》也印证了砧椎是木质的说法："……此中有一铸铜匠，欲借所收建州木茶臼子并椎，试令依样造看……"这里有一点值得注意：铜匠想借建州的木茶臼和茶椎作为模板，做成铜质的。

在《茶具图赞》中，与砧椎功能类似的茶器被称作木待制。

> 上应列宿，万民以济，禀性刚直，摧折彊梗，使随方逐圆之徒，不

---

① 郑培凯，朱自振. 中国历代茶书汇编. 香港：商务印书馆（香港）有限公司，2007.
② 陆廷灿. 续茶经. 影印文渊阁四库全书. 台北：台湾商务印书馆，1982.

055

能保其身。善则善矣，然非佐以法曹，资之枢密，亦莫能成厥功。①

"待制"为官职名，其职责是为皇帝备顾问、拟文稿。由于砧椎是用来碎茶以供碾磨，因此，以"待制"作为它的名称。"待制"虽无实权，但常为皇帝起草各种文档，若能忘却利欲巧诈、不计个人荣辱（忘机），一心以民为念，当能善尽谏责，为天下苍生谋利（利济）。"万民以济"出自《周易·系辞传下》："断木为杵，掘地为臼，臼杵之利，万民以济。"②赞语记载了其在茶道中的使用程序："佐以法曹，资之枢密。"说明通过砧椎碎茶以后，再放到茶碾（金法曹）中进一步碎茶，然后使用茶罗（罗枢密）使得茶粉更加细密。

在宋代，砧椎除了是茶道的器具，还被用来制墨。晁氏《墨经》中有："砧椎三五百下，旧语曰一椎一折斗手捷。"③茶与墨在宋代变成了文人的雅好。这一点在苏轼的文章《书茶墨相反》里也有印证。

（二）茶钤

茶钤最早出现在宋代蔡襄的《茶录》里，并且，在宋代古籍中，只出现过一次。在《茶录》里，茶钤的位置在砧椎之后、茶碾之前。可以看出，茶钤属于罗碾这一环节。

对于茶钤的说明，蔡襄在《茶录》里只提了一句："茶钤，屈金铁为之，用以炙茶。"④从这句话里，我们可以得到两个信息：其一，茶钤的材质是金或者铁。其二，茶钤是用来烤茶叶的。既然茶钤具有夹取烘烤的功能，那么，它的造型应该类似火钳。

---

① 郑培凯，朱自振. 中国历代茶书汇编. 香港：商务印书馆（香港）有限公司，2007.
② 来知德. 周易集注. 影印文渊阁四库全书. 台北：台湾商务印书馆，1986.
③ 晁贯之. 墨经. 影印文渊阁四库全书. 台北：台湾商务印书馆，1982.
④ 郑培凯，朱自振. 中国历代茶书汇编. 香港：商务印书馆（香港）有限公司，2007.

对于火钳，陆羽在《茶经》里对其形制有比较详细的描述。他说火筴又叫箸。顾名思义，火筴与筷子类似。它的长度为一尺三寸，平头，不需要装饰。这种火筴大多是用铁或者熟铜制作而成。因此，陆羽所说的火筴与蔡襄所谓的茶钤除了在夹取的东西上有所不同（一个夹炭，另一个夹茶叶），它们的功能和使用方式类似。其形制和大小应该也类似。

但是，我们还是不清楚茶钤到底如何烘烤茶叶。蔡襄在《茶录》的上篇《论茶》中给出了答案：陈年的茶色、香、味都比较浓。先刮去表面的膏油，用茶钤钳住在火上烤干，然后把烤干的茶碾碎。如果是新茶，就不需要这一步骤。由此可知，茶钤是在喝陈年旧茶的时候使用的，新茶不需要。宋代的饮茶习俗，是习惯于喝当年的新茶。所以，茶钤在北宋时期的使用概率就很小。

元代王祯《王氏农书》里对茶钤的使用方式做了详细解说：蜡面茶是唐宋时兴起的一种茶，它的制作方式是将上等的嫩芽碾碎后放到茶罗里，然后加入樟脑等香料调剂好，用模具印成茶饼。等茶饼晾干以后再用香膏油加以润泽。这种茶饼一般都是用来进贡给皇帝的，民间很难见到。王祯在书中介绍，这种茶饼在丁谓做福建转运使时兴起，到蔡襄做福建转运使的时候达到了顶峰。在使用时，先用温水把茶饼表面的膏油去掉，然后用纸裹住，用槌击碎。这个时候用茶钤在火上微微烤一下然后立即放入碾罗中。在这里，王祯做了注释：当即碾的话，茶粉是白色的，过夜就灰暗。

从王祯的描述里我们得知，茶钤是专门用来烤炙蜡面茶的。这种茶在宋代极为稀少，只有王宫贵族才有可能品尝到。而且，由于蜡面茶稀少，很多贵族即使得到了这种茶，也只是在亲朋好友聚会的时候拿出来赏玩。因此，使用茶钤的概率在宋代非常小。对于能够经常品饮蜡面茶的皇族来说，他们关注的更多还是茶碗的精美与茶汤的色泽，往往会忽略这种只是在碾茶时使用到的茶具。南宋时，随着点茶法的没落，茶钤自然也渐渐淡出了人们的视线。可见，一件器物是否能够使用长久，与其用途有很大关系。脱离了使用功能的器物是没有生命力的。

（三）茶碾

茶碾起始于唐代，在宋代广为流传，多出现于宋人笔记中。《事物纪原》里探讨了碾的由来；《茶录》对茶碾的造型和使用方式做了说明；《大观茶论》和《茶具图赞》对《茶录》里的茶碾做了补充说明。在宋代，碾不仅是一个名词，更多的是作为动词使用。范仲淹的《和章岷从事斗茶歌》就把碾茶视为一个动作并广为流传，苏轼把碾茶与磨墨相提并论，黄庭坚、孔平仲也写过类似的文章，说明北宋时期碾茶已经成为一件文人雅事了。碾茶在宋代的僧人看来，与人生的智慧、禅意的生活相关。由于茶在宋代已经成了一种普及的饮品，以茶待客成了宋代的习俗，碾茶自然成为宋代的一种待客礼仪。另外，碾茶成了一种技术，甚至人们认为碾出的茶粉要能飞到眉毛上才是好的茶粉。

1. 茶碾的由来

碾起源于北魏。高承在《事物纪原》里写道："《后魏书》云：崔亮在雍州，读《杜预传》，见其为八磨，嘉其有济时用，遂教民为碾。此疑碾之起也。"[①] 碾与茶相关联始于唐代。《茶经》提到，"茶碾以木质为主，其中，橘木最好"，其造型外方内圆。方形是为了防止碾茶的时候倾斜或者翻倒，圆形是为了方便碾茶。其中，有一个车轮状的构件称为堕，其中间有一个类似于车轴一样的东西，方便碾茶。这种茶碾长 30 厘米，宽约 5.7 厘米。堕的直径是 2.7 厘米，中间厚 3.3 厘米，边厚 1.7 厘米，轴中间是方的，把手是圆的（见图 3-11）。

---

① 高承. 事物纪原. 影印文渊阁四库全书. 台北：台湾商务印书馆，1982.

图 3-11　唐法门寺地宫出土茶碾
资料来源：姜捷. 法门寺出土文物研究概述. 中国书法，2020（4）：8-33.

到了宋代，虽然茶碾的造型没有多大的变化，但材质发生了改变。蔡襄在《茶录》里指明：茶碾要用银或者铁制作，金太柔软了，铜或黄铜制作的茶碾会生锈，锈会混到茶粉里，影响茶的味道，因此不适合使用。图 3-12 是一件宋代的茶碾，从中可以看出，宋代茶碾的功能与陆羽所说相差无几，中间有一个圆形的槽，堕轴中间方两头圆。鸟羽毛的装饰省略掉了，变得更加简洁。

图 3-12　中国茶叶博物馆藏宋茶碾

蔡襄还在《茶录》里明确了茶碾的使用方式：先用干净的纸把茶裹起来敲碎，然后放在茶碾里碾成粉末。碾茶要及时，这样碾出的茶粉是白色的，如果过了夜，茶色就会暗淡。

2. 由碾茶引发的疑问

范仲淹曾在《和章岷从事斗茶歌》中写道：

年年春自东南来，建溪先暖冰微开。

溪边奇茗冠天下，武夷仙人从古栽。

新雷昨夜发何处，家家嬉笑穿云去。

露芽错落一番荣，缀玉含珠散嘉树。

终朝采掇未盈襜，唯求精粹不敢贪。

研膏焙乳有雅制，方中圭兮圆中蟾。

北苑将期献天子，林下雄豪先斗美。

鼎磨云外首山铜，瓶携江上中泠水。

黄金碾畔绿尘飞，碧玉瓯中翠涛起。

斗茶味兮轻醍醐，斗茶香兮薄兰芷。

其间品第胡能欺，十目视而十手指。

胜若登仙不可攀，输同降将无穷耻。

吁嗟天产石上英，论功不愧阶前蓂。

众人之浊我可清，千日之醉我可醒。

屈原试与招魂魄，刘伶却得闻雷霆。

卢仝敢不歌，陆羽须作经。

森然万象中，焉知无茶星。

商山丈人休茹芝，首阳先生休采薇。

长安酒价减百万，成都药市无光辉。

不如仙山一啜好，泠然便欲乘风飞。

君莫羡花间女郎只斗草，赢得珠玑满斗归。①

　　"黄金碾畔绿尘飞，碧玉瓯中翠涛起"一句引发了疑问，疑问主要记录在《胡少师总集》《学林》《青琐高议前集》《诗话总龟》《百家诗话总龟》《苕溪渔隐丛话》中。

　　《胡少师总集》②记录了胡舜陟（1083—1143年）的语录，其中有提及郑遨与范仲淹的茶诗，并对诗句中形容茶汤是绿色的产生了疑问。

　　胡舜陟的疑问在《诗话总龟》《苕溪渔隐丛话》也有记载。《诗话总龟》成书年代比较复杂，其原为阮阅著作《诗总》，于北宋徽宗宣和年间编成。后经不断补序，于南宋高宗绍兴年间首次付梓出版。《四库全书总提要》对《苕溪渔隐丛话》有这样的记载："其书继阮阅《诗话总龟》而作。前有自序称阅所载者皆不录。二书相辅而行，北宋以前之诗话大抵略备矣。"③在《诗话总龟》里有65次提到"苕溪渔隐"。

　　《诗话总龟》对范仲淹诗句中的"绿"字有所质疑，沿用了《青琐高议前

---

① 魏庆之. 诗人玉屑. 影印文渊阁四库全书. 台北：台湾商务印书馆，1982.
② 《胡少师总集》虽记录了胡舜陟的文字，但并不是他本人编纂的，而是由其裔孙胡培翚（1782—1849年）从分散的文献中摘录编纂而成，成书于清道光年间。
③ 转引自殷海卫. 胡仔《苕溪渔隐丛话》成书考论. 济南大学学报（社会科学版），2009（1）：36-39.

集》里蔡襄与范仲淹的对话，以及改诗中"翠""绿"的轶事。《诗话总龟》卷三十记录了对范仲淹诗比较客观的评论：

> 　　沈存中论茶，谓"黄金碾畔绿尘飞，碧玉瓯中翠涛起"宜改绿为玉，翠为素。此论可也。而举"一夜风吹一寸长"之句，以为茶之精美不必以雀舌鸟嘴为贵。今案：茶至于一寸长，则其芽叶大矣，非佳品也。存中此论曲矣。……至本朝蔡君谟《茶录》既行，则持论精矣。以《茶录》而核前贤之诗，皆未知佳味者也。①

　　在这里，着意要改范诗的人变成了沈括。但是，因为用后人对茶的要求来评点前代茶诗显然是失之偏颇的。《苕溪渔隐丛话》首先记录了胡舜陟对范诗的疑问，其次记录了《学林新编》中对茶品高下的评论，内容与《诗话总龟》所记载类似。大概《诗话总龟》经过多次增修，在摘录《苕溪渔隐丛话》的时候出现了偏差，此论是《学林》作者王观国的看法。

　　根据学者的研究，范仲淹《和章岷从事斗茶歌》作于景祐元年（1034），蔡襄《茶录》作于皇祐三年（1051）。自《茶录》之后，茶色贵白在宋代社会广泛流行。因此范诗"黄金碾畔绿尘飞，碧玉瓯中翠涛起"是符合当时实际的。

　　胡舜陟生于1083年，其时《茶录》已问世32年。可见，在这30多年间，《茶录》对茶品的标准认定已经在宋代社会形成了广泛的共识；胡舜陟不知绿色茶汤也情有可原。至于蔡襄和沈括应该对《茶录》之前盛行绿色茶汤有所了解。

　　综上，自蔡襄《茶录》后，"碾茶以白为美"在宋代已经成为一种共识。胡舜陟最先对范仲淹诗"黄金碾畔绿尘飞"提出了质疑；王观国发展了胡舜陟的质疑，比较全面和客观地评论了范仲淹所作《和章岷从事斗茶歌》。《诗

---

① 阮阅. 诗话总龟后集. 周本淳，校点. 北京：人民文学出版社，1987.

话总龟》和《苕溪渔隐丛话》转载了《学林》的观点。此时，宋代茶碾已成为一件饮茶人必不可少的茶器。

3. 碾茶的技术

碾茶在宋代已经成为一种独特的技术。《茶录》大概介绍了碾茶的技术点：

> 碾茶，先以净纸密裹，椎碎，然后熟碾。其大要，旋碾则色白，或经宿则色已昏矣。[①]

宋代士大夫不仅视茶为一门高雅的待客礼仪，并且将他们认为的好茶与碾茶技术联系起来。

值得关注的是黄庭坚《博士王扬休碾密云龙同事十三人饮之戏作》。笔者搜索了宋代古籍中有关王扬休的内容，只找到了这首诗。为什么黄庭坚有关碾茶的诗文中，其他人物都可考，唯独王扬休例外呢？这要从"博士"一词说起。汉末至宋初，"博士"的内涵一直在演变。值得注意的是，在唐代敦煌遗书中，提到了诸如泥博士、木博士等，并认为具有"博士"头衔的人比一般工匠技术好、地位高。可见，"博士"在敦煌遗书中，指在某一方面有独特技能并优于同行的专业人士。"博士"到了宋代，逐渐与"博学多才的人"等同。从黄庭坚的这首诗中可以推断出，王扬休是擅长碾茶的人，因此被黄庭坚戏称为"（碾茶）博士"。由此可见，"碾茶"作为一种技艺，在宋代已经出现在文人雅客的聚会中，成为一道独特的风景线。这在黄庭坚的另一篇文章《跋浴室院画六祖师》有证：

> 浴室院有蜀僧令宗画达摩西来六祖师，人物皆妙绝。其山川草木、毛羽衣盂储物，画工能知之，至于人有怀道之容，投机接物，目击而百

---

① 郑培凯，朱自振. 中国历代茶书汇编. 香港：商务印书馆（香港）有限公司，2007.

体从之者，未易为俗人言也。此壁列于冠盖之会，而湮伏不闻者数十年，
得蜀人苏子瞻乃发之。物不系于世道兴衰，亦有数如此。此寺井泉甘寒，
汶师碾建溪茶常不落第二。故人陈季常，林下士也，寓棋簟于此。苏子
瞻、范子功数来从之。故余过门必税驾焉。①

这里是说兴国寺浴室院有蜀僧令宗所绘达摩西来六祖师壁画，技法高超，
但不被世人所知。直到几十年后苏轼发现此画而得以闻名于世。黄庭坚遂感
叹世间的事物不会随着时间流逝而失去它本来的价值。另外，他提到，寺中
有好水，僧人汶师擅长碾茶，技术高超到没有人能超过他。他的师友陈季常
（陈慥）、苏轼、范子功（范百禄）经常在这里下棋品饮。由此可知，北宋时
期碾茶不仅成为独特的技艺，而且还有高下之分。

宋代的碾茶技术高低还有具体的标准。释惠洪在《谢性之惠茶》中
写道：

> 午窗石碾哀怨语，活火银瓶暗浪翻。射眼色随云脚乱，上眉甘作乳
> 花繁。味香已觉臣双井，声价从来友壑源。却忆高人不同试，暮山空翠
> 共无言。②

"上眉甘作乳花繁"是形容碾茶时茶粉飞到眉毛上的情形，说明要把茶碾
得细密以至轻到可以飞起来的程度，香气即随着茶粉散开。曾几的诗《李相
公饷建溪新茗奉寄》里就有"碾处曾看眉上白，分时为见眼中青"。其下自
注："茶家云碾茶须令碾者眉白乃已。"③即茶要碾到茶粉染白碾茶者的眉毛才
算圆满，这种技术在宋代文人间成了一种赏玩游乐的雅趣。黄庭坚的《山谷
集》中就有关于碾茶待客的内容：

① 曹学佺. 蜀中广记. 影印文渊阁四库全书. 台北：台湾商务印书馆，1982.
② 释惠洪. 石门文字禅. 影印文渊阁四库全书. 台北：台湾商务印书馆，1982.
③ 曾几. 茶山集. 影印文渊阁四库全书. 台北：台湾商务印书馆，1982.

凤舞团团饼。恨分破、教孤令。金渠体净，只轮慢碾，玉尘光莹。汤响松风，早减了、二分酒病。

味浓香永。醉乡路、成佳境。恰如灯下，故人万里，归来对影。口不能言，心下快活自省。①

碾茶是一门独特的技艺，黄庭坚在《催公静碾茶》中，便有"急遣溪童碾玉尘"。周季在《题玉川碾茶图》有云："笑呼赤脚碾龙团。"②

4. 碾茶与闲情

宋代并不是只有待客的时候才会碾茶，很多时候碾茶与闲情有关。李清照在《小重山·春到长门春草青》中，有"碧云笼碾玉成尘。留晓梦，惊破一瓯春"③；周邦彦在《浣溪沙·水涨鱼天拍柳桥》中，有"闲碾凤团消短梦，静看燕子垒新巢"④。

不过，这种闲情，在禅宗那里，又是另一种境界。值得注意的是宋代的《石门文字禅》，其记录了六首有关碾茶的诗。其作者释惠洪是一名僧人。在他的《绣释迦像并十八罗汉赞·第十八宾头卢尊者》里有"夷奴碾茶，愚中有慧"⑤；在《三月二十三日心禅饷余新面白蜜作二首》中，有"三月东庄新麦熟，碾迟罗细玉尘香"⑥；在《空印以新茶见饷》中有"要看雪乳急停筊，旋碾玉尘深住汤"⑦。碾茶已经成为僧人生活、修行的一部分。

5. 碾茶与待客

碾茶诗写得较多的是黄庭坚。在他的《山谷诗集》中，有近80首有关咏茶的诗词，其中有12首提及碾茶。这12首诗词中有8首提到了确切的人名。

---

① 黄庭坚. 山谷词. 影印文渊阁四库全书. 台北：台湾商务印书馆，1982.
② 厉鹗. 宋诗纪事. 影印文渊阁四库全书. 台北：台湾商务印书馆，1982.
③ 沈辰垣，等. 御选历代诗余. 影印文渊阁四库全书. 台北：台湾商务印书馆，1982.
④ 沈辰垣，等. 御选历代诗余. 影印文渊阁四库全书. 台北：台湾商务印书馆，1982.
⑤ 释惠洪. 石门文字禅. 影印文渊阁四库全书. 台北：台湾商务印书馆，1982.
⑥ 释惠洪. 石门文字禅. 影印文渊阁四库全书. 台北：台湾商务印书馆，1982.
⑦ 释惠洪. 石门文字禅. 影印文渊阁四库全书. 台北：台湾商务印书馆，1982.

另外三首涉及独自品饮。

8首诗词提到的人名分别是李元礼、孙莘老（孙觉）、王扬休、刘景文（刘季孙）、曹子方（曹辅）、六舅尚书（李常）、徐天隐、苏子瞻、晁道夫。从这8首与碾茶相关的诗中，我们可以看到黄庭坚的交友圈：李元礼是当朝右丞相；孙莘老是黄庭坚的岳父，是苏轼、王安石、苏颂、曾巩的好友；刘景文是宋时两浙兵都监，仕至文思副使；曹子方于哲宗年间为福建路转运判官。在《奉谢刘景文送团茶》中有"收藏残月惜未碾，直待阿衡来说诗"，体现了茶的珍贵；在《碾建溪第一奉邀徐天隐奉议并效建除体》中，有"除草开三径，为君碾玄月"，体现出为客碾茶成为一种独特的待客礼仪；在《和知命招晁道夫叔侄》中，有"茶须亲碾试"，体现亲手碾茶是对客人的礼遇。

茶碾产生于唐代，盛行于宋代，是宋代饮茶的必要道具，成为宋人日常生活、待客接物的必需品，其材质主要是银或者铁。由于士大夫、文人、禅宗人物的参与，"碾茶"这一动作被赋予了更多精神内容。苏轼把碾茶与磨墨相提并论，使碾茶更具文人气息；释惠洪把碾茶纳入禅意的生活中；黄庭坚把碾茶作为招待贵客的必要礼仪。在宋代，碾茶甚至成为一种独特的技艺，并有高下之分。

物品随着时代的需要而产生，随着使用的减少而逐渐淡出人们的视线。茶碾在宋代的盛行以及在后世逐渐淡出人们视线和我们当今对产品的设计与宣传理论类似：首先要符合当下生活的需要，其次有时下名人雅士的推崇才能得以推而广之。

（四）茶罗

1. 茶罗的形制

饮茶之风始于唐代，但是唐代并没有关于茶罗的记载。这或许是因为烘焙与饮茶的方式不同。在蔡襄《茶录》中，茶罗出现在茶碾之后，可知碾茶之后再使用茶罗罗出更细的茶粉："茶罗，以绝细为佳，罗底用蜀东川鹅溪画绢之密者，投汤中揉洗以幂之。"① 茶罗的材质是银或者铁，用来筛茶的部分是用现四川盐亭西北部生产的绢，绢在水中清洗过后再覆盖在茶罗的边沿上。这里所说的四川盐亭的绢，自唐朝以来即为贡品。《茶具图赞》把宋代茶罗的形象绘制出来，给它起了拟人化的名字罗枢密，并用拟人化的手法赞扬它的精神：

> 几事不密则害成。今高者抑之，下者扬之，使精粗不至于混淆，人其难诸。奈何矜细行而事喧哗，惜之。②

审安老人以茶器喻人事。通过筛选，并采取不同的方法对待，人事高下分明。

2. 茶罗的用法

蔡襄《茶录》里写道："罗细则茶浮，粗则水浮。"③ 茶罗罗筛粗细要适当，过粗或过细都泡不好茶。但筛出一碗好茶并不是茶罗的唯一用途。《困学纪闻》有载：

> 张芸叟云吕申公名知人，故多得于下僚。家有茶罗子，一金饰，一银，一棕榈。方接客，索银罗子，常客也；金罗子，禁近也；棕榈，则公辅必矣。家人常挨排于屏间以候之。申公、温公同时人，而待客茗饮之器，顾饰以金银分等差，益知温公俭德，世无其比。④

文中介绍了吕公著家里有三种材质的茶罗，根据不同的客人使用不同的茶罗。

① 郑培凯，朱自振. 中国历代茶书汇编. 香港：商务印书馆（香港）有限公司，2007.
② 郑培凯，朱自振. 中国历代茶书汇编. 香港：商务印书馆（香港）有限公司，2007.
③ 郑培凯，朱自振. 中国历代茶书汇编. 香港：商务印书馆（香港）有限公司，2007.
④ 王应麟. 困学纪闻. 影印文渊阁四库全书. 台北：台湾商务印书馆，1982.

　　在笔者看来，制造器物的目的是让其具有人们所需要的功能。同一功能的器物要备三件，针对不同的客人使用不同的器物，一是对人区别相待；二是造成浪费，不同材质的茶罗在使用上或许并没有什么区别。相比之下，蔡襄《茶录》把茶罗的制作和使用介绍得更精确，茶罗的关键在于罗底绢的选择，其他部件能够起到固定绢的作用就可以了。

（五）茶磨

　　"磨"字最早出现在周代的古籍中。北宋的古籍中开始出现"茶磨"，说明磨在北宋的时候开始作为一种茶器出现在饮茶程序中。磨与碾的作用类似，都具有碎茶的功能。不过茶磨磨出的茶粉更加细腻。因此，茶磨用在茶碾之后，把仍不够细密的茶粉磨细。苏轼的《次韵黄夷仲茶磨》说明了茶碾与茶磨的关系：

> 前人初用茗饮时，煮之无问叶与骨。
> 浸穷厥味白始用，复计其初碾方出。
> 计尽功极至于磨，信哉智者能创物。
> 破槽折杵向墙角，亦其遭遇有伸屈。
> 岁久讲求知处所，佳者出自衡山窟。
> 巴蜀石工强镌凿，理疏性软良可咄。
> 予家江陵远莫致，尘土何人为披拂。①

　　此诗说明，茶最初饮用的方式是把茶叶与茶梗一起放到锅里煮。后来开始用茶臼，接着用茶碾，茶碾之后是茶磨。并且说明上好的茶磨是用衡山出产的石材制作的。南宋郑刚中《北山集》中有一篇关于茶磨的文章《石磨记》颇耐人寻味：

---

① 苏轼. 东坡诗集注. 影印文渊阁四库全书. 台北：台湾商务印书馆，1982.

邻有叟，置石磨一小枚于壁角灰壤之下。余偶见之，其形制虽拙，然石理温细可喜，问叟何以弃之。则曰：大不堪用，每受茶，磨傍所吐如屑。余假而归，洗尘拂土，翌日，用磨建茶，则其细过罗碾所出者；又取上品草茶试之，亦细；独磨粗茶，则如叟言也。盖石细而利，茶之老硬者，不与磨纹相可，故吐而不受材。叟无佳品付之，遂以为不堪用，而与瓦甓同委。①

这段文字来源于 2016 年《收藏家》中的一篇文章《碾破香无限，飞起绿尘埃：宋代茶臼、茶碾及茶磨散记》。对文中所述郑刚中及其《北山集》，笔者并没有找到原文，但是，通过以上对茶磨的考察，认为此文字内容是符合南宋饮茶习惯的。从这段文字中我们得知，制作茶碾是有讲究的，需要细腻且锋利的石材，这种茶磨可以磨出细腻的茶粉。老硬的茶梗与这种石材不相吻合，因此磨不出细茶粉。

宋代茶器相关古籍中，只有《茶具图赞》专门列出了茶磨，名石转运，并附有赞语：

抱坚质，怀直心。啐嚅英华，周行不怠。斡摘山之利，操漕权之重，循环自常，不舍正而适他，虽没齿无怨言。②

取名"石转运"道出了茶磨的材质；茶磨的工作是不停地旋转，故以"遄行"为字。以石磨为屋，磨茶时会有香气溢出，故为"香屋隐君"。"周行不怠"出自《老子》第 25 章："有物混成，先天地生。寂兮寥兮，独立而不改，周行而不殆，可以为天下母。"其实，以物喻人的行为在宋代并不鲜见。北宋梅尧臣《茶磨二首（其一）》中也写道："楚匠斫山骨，折檀为转脐。乾

① 转引自郭丹英. 碾破香无限，飞起绿尘埃：宋代茶臼、茶碾及茶磨散记. 收藏家，2016（12）：42–47.
② 郑培凯，朱自振. 中国历代茶书汇编. 香港：商务印书馆（香港）有限公司，2007.

坤人力内，日月蚁行迷。吐雪夸春茗，堆云忆旧溪。北归唯此急，药臼不须挤。"[1] 以茶磨形容百折不挠的精神。

审安老人把茶碾和茶磨都放入《茶具图赞》中，可知南宋对于茶粉的要求更加严苛了：先用木待制（砧椎）把茶饼捣碎，然后用金法曹（茶碾）进一步碎茶，罗枢密（茶罗）筛过一遍后，粗的还要用石转运（茶磨）磨细。

综上所述，砧椎、茶碾、茶磨的使用是递进关系。砧椎用来碎茶，茶碾使茶叶进一步细化，茶磨具有使茶粉更加细腻的功能。在《茶录》及《大观茶论》里没有提及茶磨，但在南宋《茶具图赞》提到了。这说明就茶粉而言，北宋至南宋使用的工具越来越多，制作出的茶粉越来越细腻了。

四、盛茶

盛茶是整个饮茶程序的关键，因此单列一类。《茶经》中将盛茶之器称作碗；《茶录》《大观茶论》分别叫茶盏和盏；《茶具图赞》中称为陶宝文（茶盏）、漆雕秘阁（盏托）。虽然《茶具图赞》所载的漆雕秘阁（盏托）之前著作都没有提及，但是《茶录》《大观茶论》所述茶盏应带有盏托。理由有三：其一，从名称来看，相对于《茶经》的"碗"，《茶录》和《大观茶论》都以"盏"命名。盏为上下结构，因此可以猜测《茶录》和《大观茶论》所述盏为茶盏和盏托的统称。其二，从宋代绘画看，《文会图》《春宴图》等北宋绘画所绘茶盏都是带托的。其三，从流传下来的实物看，不仅有大量宋代盏托流传于世，而且有木、金、银、瓷等多种材质。说明这种以盏与盏托组合的饮茶方式盛行于宋代。

（一）盏

"盏"（琖）最早是作为一种饮器被记载下来的，见于战国末年成篇的《礼

---

① 陆廷灿. 续茶经. 影印文渊阁四库全书. 台北：台湾商务印书馆，1982.

记·明堂位》篇："爵用玉盏，仍雕。加以璧散、璧角。"[1] 此时"盏"被用作酒器，视为爵的一种。东汉《说文解字》亦有"盏"，与爵、肆同类，所对应的是三足器："玉爵也，夏曰盏，殷曰肆，周曰爵。"[2] 魏晋始"琖"写为"盏"，有异体字"醆""䀉"等，多表示与玉石有关的盏器，或与饮酒之事同时出现。

《大戴礼记》载："执觞觚杯豆而不醉"，北周卢辩注此："觚，器也，实之曰觞。杯，盘盉盏之总名也。豆，酱器，以木曰豆。"[3] 这一记载正合《管子》中关于弟子侍奉师父进食时"左酒右酱"之礼的记载。上古汉语词语单音节化的特征造成古人对同一事物往往有多种称谓，用以区别细微差别。因此，觞觚杯盏应为同一类饮酒器皿。《说文解字》所释无误。

从流传下来的实物看，觚多为两头喇叭口中间细窄的器物，觞是口部椭圆带耳的器物。由此推断，"盏"在汉代与"爵""觚"同义，大多是用来饮酒的。《礼记》所指并非现今定义的细长深壁觚器，而是敞口矮壁的器物。根据汉代文献记载和出土实物，盏的源头无论是爵还是觚，其共同点都是敞口、可手握，不同的是底部设计。爵的底部为三足造型，觚器多无底或者平底。

1. 盏在宋代的用途

盏不论是造型还是功能都在宋代拓展了。在功能上，盏有喝酒、喝茶、炼丹、点灯等用处。在材质上，有金、琉璃、玉、陶瓷等。在造型上，有鹦鹉、梨花等。其中，建盏除了用来喝茶，还会被道士用来炼丹；玻璃盏一般来说是用来喝酒的，但僧人会用来喝茶。喝药的盏大多素色并少纹饰，材质有瓷质；喝酒的盏材质与造型都比较丰富；喝茶所使用的盏以建盏及其分支占据多数。陆游偏爱用小盏喝茶，他在《晚晴至索笑亭》里写道："堂空响棋子，盏小聚茶香。"佛教喝茶会用玻璃盏，《碧岩录》中有相关记载。但在宋

---

[1]　胡平生. 礼记. 张萌，译注. 北京：中华书局，2017.
[2]　许慎. 说文解字注. 段玉裁，注. 上海：上海古籍出版社，1981.
[3]　胡平生. 礼记. 张萌，译注. 北京：中华书局，2017.

代的古籍中，玻璃盏也会用来喝酒。苏东坡在《妒佳月》中有"浩瀚玻璃盏，和光入胸臆"[①]。宋代道家炼丹偏爱铁盏，其次是建盏。虽然点灯用的盏没有特别的名称，但根据《东京梦华录》中的语境推测，其造型像莲花如表 3-3 所示。

表 3-3　盏在宋代的用途

用途	相关盏
喝药	玉滑盏、素瓷盏
喝酒	金盏、琉璃盏、鹦鹉盏、玉盏、梨花盏、陶盏、白瓷盏
喝茶	兔毫盏、小盏、铜叶盏、玻璃盏、金花鸟盏、鹧鸪金盏
炼丹	铁盏、建盏

　　值得一提的是，南宋时有些瓷器会仿造金银器的造型，现藏于台北故宫博物院（原藏于乾清宫）的南宋龙泉窑梅花盏就参照了金银器的造型（见图 3-13）。该盏口沿嵌铜扣，胎壁薄坚，内壁四周依五花口凸起五道脊背，内心贴饰一朵梅花。为了进一步了解此类器型在宋代的状态，笔者于 2017 年在浙江龙泉青瓷博物馆、龙泉青瓷装饰纹样研究所、杭州南宋官窑博物馆拍摄到大量贴饰花纹的瓷片（见图 3-14），南宋龙泉窑在器物表面贴饰的技法是比较普遍的，但在器皿内侧制作隆起脊背手法较为鲜见。这种造型样式应取材于同时期的金银器造型。英国大英博物馆、日本东京国立博物馆都藏有类似的金银器。

---

① 苏轼. 东坡全集. 影印文渊阁四库全书. 台北：台湾商务印书馆，1982.

图 3-13　台北故宫博物院藏
南宋龙泉窑梅花盏

图 3-14　龙泉贴饰花
纹瓷片

金扣是种传统工艺,《后汉书》中就有关于这种装饰手法的记载:"桓帝即位十八年,好神仙事。……文罽为坛,饰淳金扣器,设华盖之坐,用郊天乐也。"[①] 给器物镶嵌金属扣,一是用以显示器物的高贵属性,二是为了使器物少受磨损。这也证实了带金扣器物受重视的程度。

以陶瓷为主要制作材料的花口盏在宋代耀州窑、定窑、景德镇湖田窑都有流传,其制作技法多为拉坯完成时使用工具塑形,至坯体半干时修整底部。这种成型方式多留有制作过程的痕迹,有"写意"的特点。由于北方窑口瓷胎中铝含量较高、景德镇窑口高岭土含量较高,它们都具有熔点高,不易变形的特点,因此,适合高温烧制,可以实现薄胎成型的效果。从图 3-15 可知,为瓷器镶嵌铜扣在宋代较为常见。

2. 盏在宋代的形制

宋代饮茶所用除了兔毫盏,还有鹧鸪盏、铜叶盏、青瓷盏、青白瓷盏、玻璃盏、金花鸟盏。前文已经说过,

图 3-15　故宫博物院藏定窑六瓣花式碗

---

① 徐天麟. 东汉会要. 影印文渊阁四库全书. 台北:台湾商务印书馆,1982.

经过蔡襄力推、徽宗正名，兔毫盏已经成为皇帝和士大夫品饮赏玩的首选；铜叶盏多为御前赐茶的器皿；鹧鸪盏与兔毫盏同出建窑，是文人、士大夫聚会时品茶赏玩的对象；青瓷盏、青白瓷盏在北宋使用的不多，南宋逐渐兴盛起来，并延续至今；玻璃盏多为佛教使用的饮茶器物；金花鸟盏是高丽人根据宋代盏的形制设计制作出来的。

　　宋代喝药的盏颜色比较素雅；喝酒的盏造型和材质比较丰富；喝茶的盏多为深色，并在釉色上取胜；炼丹有特定的盏；点灯用的盏主要关注其造型。值得注意的是，宋代饮茶之风盛行，在祭祀时，并非一味仿古，而是把当时流行的茶饮之器用于祭祀礼。如司马光《书仪》载："旁置卓子，上设注子及盏一，别置卓子于灵座前，设蔬果、匕箸、茶酒盏、酱楪、香炉。"① 这种创新从某种意义上体现了宋代在儒道礼法与市民生活之间的调和。由于宋代朝廷及士大夫开始关注除"礼"之外"器"的内容，于是，源于礼器的盏开始作为一个独立的艺术品被欣赏。

　　（1）兔毫盏、鹧鸪盏。兔毫盏和鹧鸪盏都出自宋代的建窑，兔毫和鹧鸪都是形容建盏的纹理。鹧鸪盏最早出现在五代至宋初陶谷所撰《清异录》："闽中造盏，花纹类鹧鸪斑点，试茶家珍之。"晁补之的《次韵提刑毅甫送茶》也有"鹧鸪金盏有余春"② 。这里的鹧鸪金盏是指鹧鸪盏的斑点为金色。杨万里在《陈蹇叔郎中出闽漕别送新茶李圣俞郎中出手分似》中有"鹧鸪碗面云萦字，兔褐瓯心雪作泓"③ 。与前述鹧鸪金盏同，兔毫盏也可细分为金毫、银毫等几种，其中金兔毫使用中光泽容易褪去，变为褐色，故称"兔褐瓯"。

　　宋徽宗对兔毫盏情有独钟。他在《大观茶论》里把产茶、采茶、制茶、碾茶整个过程中使用的茶器放在一起，把"盏"放在了首要位置，这似乎是从官方的角度给饮茶用兔毫盏正了名："盏色贵青黑，玉毫条达者为上，取其

① 司马光. 书仪. 影印文渊阁四库全书. 台北：台湾商务印书馆，1982.
② 汪灏. 御定佩文斋广群芳谱. 影印文渊阁四库全书. 台北：台湾商务印书馆，1982.
③ 汪灏. 御定佩文斋广群芳谱. 影印文渊阁四库全书. 台北：台湾商务印书馆，1982.

燠发茶采色也。……盏惟热，则茶发立耐久。"① 喝茶最好用兔毫盏，原因在于：兔毫盏是青黑色，可以衬托茶色。盏的大小与茶的多少有直接关系。盏高茶少的话，会掩盖茶汤的颜色；如果茶多盏小，就没法充分泡茶。徽宗肯定了蔡襄喝茶要用兔毫盏的说法，并且对建盏做了详细的形制说明。

　　建盏的造型与宋代的饮茶品种和饮茶方式密切相关。宋代盛行的饮茶方式是点茶，需要三次倒水入茶盏中，这样的需求使得茶盏不能过小，而茶盏边口的"指沟"亦被学界认为是在三次击拂的过程中，起到阻水及测量水位的作用。根据学者周亚东的研究，这种设计除了可以直观地看水位外，更使点茶时便于注汤击拂，茶汤在这一过程中不易溢出（见图 3-16、图 3-17）。《茶录》中记载了点茶的流程："钞茶一钱匕，先注汤调令极匀，又添注入，环回击拂，汤上盏可四分则止。"② 从这里我们得知，饮茶前要分三次倒水。第一次放入茶粉，倒水搅拌均匀；第二次继续加水搅拌；第三次把水加到茶盏束口部分。

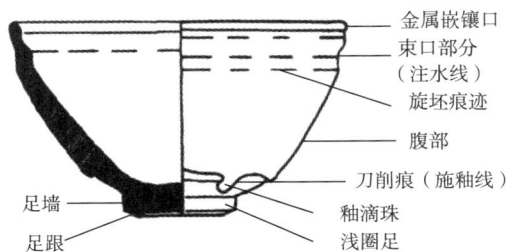

图 3-16　宋建盏结构
资料来源：周亚东. 宋代建盏"指沟"辨误. 南京艺术学院学报（美术与设计），2011（3）：125-128.

---

① 郑培凯，朱自振. 中国历代茶书汇编. 香港：商务印书馆（香港）有限公司，2007.
② 郑培凯，朱自振. 中国历代茶书汇编. 香港：商务印书馆（香港）有限公司，2007.

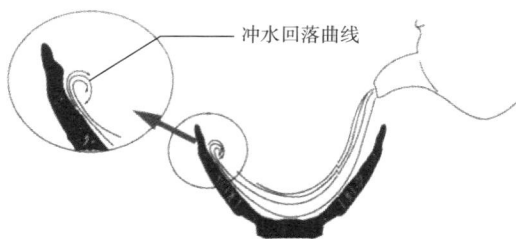

冲水回落曲线

图 3-17　宋建盏指沟功能
资料来源：周亚东. 宋代建盏"指沟"辨误. 南京艺术学院学报
（美术与设计），2011（3）：125-128.

图 3-18　大英博物馆藏宋兔毫盏

图 3-19　大英博物馆藏兔毫盏

总的来说，建盏作为宋代饮茶首选器具有其独特的优势：其一，建盏的主体色调为黑色，可以很好地呈现茶色。其二，点茶前要先加热茶盏（不然茶粉浮不起来），建盏胎比较厚，可以达到加热以后不易过快冷却的效果。由于建盏的这种特性，它受到王公贵族、官宦士绅的喜爱，并逐渐作为一种独立的艺术品被欣赏（见图3-18、图3-19）。

从建窑出土的文物资料来看，许多兔毫盏残片都有"供御"或者"进盏"的字样，印证了这种器物大多是给皇家使用的。建盏备受日本人推崇，被称为"天目碗"（Temmoku，为天目山的日文发音。传说日本僧人拜访了浙江天目山的一所寺庙，并将此类型的碗带回了日本）。

（2）铜叶盏。一般而言，皇帝和士大夫偏爱兔毫盏，皇帝赐茶则用铜叶盏。程大昌《演繁露》对此铜叶盏形制这样解释："按今御前赐茶皆不用建盏，用大汤氅，色正白。但其制样似铜叶汤氅耳。铜叶色，黄褐色也。"①虽然建盏是饮茶的主流，但在某些场合饮茶不使用建盏。苏轼诗句"病贪赐茗浮铜叶"印证了这一说法。孔平仲《梦锡惠墨答以蜀茶》有"尤称君家铜叶盏"②。

关于铜叶盏，学界多有误传，这源于《演繁露》中对"氅"字的误传。由于古体"氅"（见图 3-20）字与"氅"类似，因此，传抄过程中可能误为氅。③然而，在字义上两者是完全不一样的：氅指鹤或鹭鸟的羽毛，形态飘逸，富有动感，"大汤氅"只能解读为像鹤或鹭鸟的羽毛一样绚烂的茶碗；而"氅"字下半部为瓦，说明这类器物可能是陶瓷材质。

图 3-20 《演繁露》中的氅

（3）玻璃盏。南朝宋裴松之在注解《三国志》时，说大秦国（今罗马及近东地区）"以水晶作宫柱及器物"，可见罗马人最早掌握了玻璃制作技术。在宋代之前，玻璃与"琉琳""流离""琉璃"等同，从南北朝开始，还有"颇黎"之称，主要是用来制作各种珠子。唐代开始有琉璃茶盏。法门寺地宫出土的"琉璃茶碗柘子一副"便是存世最早的玻璃茶盏（见图 3-21）。"琉璃茶碗柘子一副"是法门寺地宫《物帐》中列举的名称。可见，在唐代，佛教已经使用玻璃材质的茶盏饮茶。到了宋代，用玻璃制作器皿的技

图 3-21 法门寺博物馆藏琉璃茶碗柘子一副

① 程大昌. 演繁露. 影印文渊阁四库全书. 台北：台湾商务印书馆，1982.
② 郭祥正. 青山续集. 影印文渊阁四库全书. 台北：台湾商务印书馆，1982.
③ 张天琚. 北宋吟茶诗与西坝窑"紫瓯""大汤氅". 东方收藏，2010（8）：46-47.

术逐渐成熟起来。佛教依然沿用唐代玻璃盏饮茶的习惯。禅师圆悟克勤所作《碧岩录》有关于文殊菩萨用玻璃盏喝茶的记录："却吃茶。文殊举起玻璃盏子云：南方还有这么？著云：无。殊云：寻常将什么吃茶？著无语。遂辞。"① 这里记载了文殊菩萨喝茶时与无著的对话。可以肯定的是，他是用玻璃盏喝茶的。

（4）青瓷盏。北宋将黑盏白茶作为饮茶的首选已经成为一种风尚，并且掩盖了其他茶盏的光彩，使得言必称白茶黑盏才是懂茶会品饮之人。前述有关范仲淹诗句的讨论说明了这个问题。

饮茶用青瓷是唐代流传下来的习惯。陆羽在《茶经·四之器》中对"碗"的解释便是："碗，越州上，鼎州次，婺州次，岳州次。"②《茶经》所述的"碗"在喝茶时的作用相当于本书所说的"盏"。

北宋早期依旧沿用唐代饮茶习惯，以青瓷盏、饮绿茶为主；中期以后，由于蔡襄的推崇，黑盏白茶便成了社会普遍公认的饮茶习惯了。

这种现象到了南宋有所转变。由于皇室南迁，宫廷用瓷需求大增，在杭城附近建立了修内司和郊坛下窑。皇室的喜好引领了整个社会风尚，这两个窑口自然无法满足整个社会的需求。于是，浙江南部的龙泉窑便应运而生。

龙泉窑始创于三国两晋，南宋时受到官窑器物以及其山区出产的独特矿料的影响，形成了自己独特的釉色。其产品不仅受到国内士人的喜爱，还远销海外。日本东京国立博物馆所藏"马蝗绊青瓷碗"就是实物佐证。

总的说来，北宋初期延续了唐代的饮茶趣味，使用青瓷盏；北宋中期以后，社会普遍以"白茶黑盏"作为饮茶首选；南宋中期以后，皇室的审美取向导致青瓷受到社会的普遍追捧，龙泉青瓷逐渐得到普遍认可，并远销海内外。图 3-22 是大英博物馆藏青瓷盏。这件青瓷盏是南宋时期龙泉窑的作品。这件作品由光滑的浅灰色黏土制成，涂有厚厚的淡蓝色青瓷釉。龙泉窑的陶

---

① 圆悟克勤. 碧岩录. 尚之煜，校注. 郑州：中州古籍出版社，2011.
② 郑培凯，朱自振. 中国历代茶书汇编. 香港：商务印书馆（香港）有限公司，2007.

工主要使用瓷石和石灰石作为釉料，但在其中添加了草木灰。经历战乱之后，元代龙泉窑陶工终究无法再现这些在南宋达到顶峰的柔和蓝绿色釉料。

（5）青白瓷盏、白瓷盏。虽然蔡襄不倡导用建盏以外的器皿喝茶，但是其他种类的茶盏在宋代古籍中也偶

图 3-22　大英博物馆藏青瓷盏

有出现。彭汝砺《答赵温甫见谢茶瓯韵》中写了用青白瓷盏饮茶的情形：

> 我昔曾涉昌江滨，故人指我观陶钧。庞眉老匠矜捷手，为我百转雕舆轮。镌刓刻画走风雨，须臾万态增鲜新。盘龙飞凤满日月，细花密叶生瑶珉。轻浮儿女爱奇崛，舟浮辇运倾金银。我盂不野亦不文，浑然美璞含天真。光沈未入世人爱，德洁诚为天下珍。揭来东江欲学古，喜听英杰参吾伦。谨持清白与子共，敢因泥土邀仁恩。空言见复非所欲，再拜谢子之殷勤。①

此外，林景熙《书陆放翁诗卷后》中的"冰瓯雪碗建溪茶"说的是白瓷盏；李廌《杨元忠和叶秘校腊茶诗相率偕赋》有"须藉水帘泉胜乳，也容双井白过磁"，其下自注："江南双井用鄱阳白薄盏点鲜为上。"②表明白瓷盏适合喝双井茶。

（6）金花鸟盏。金花鸟盏出自《宣和奉使高丽图经》。此书是北宋年间出访高丽的见闻录。原书是配图的，但流传至今已佚失。书中有关"金花鸟盏"是这样表述的："故迩来颇喜饮茶，益治茶具。金花鸟盏、翡色小瓯、银炉汤

---

① 傅璇琮，倪其心，孙钦善，等. 全宋诗. 北京：北京大学出版社，1998.
② 李廌. 济南集. 影印文渊阁四库全书. 台北：台湾商务印书馆，1984.

鼎，皆窃效中国制度。"① 由于图已佚失，这里有关金花鸟盏的信息非常有限。可以肯定的是，其一，高丽茶具深受中国影响；其二，这种盏带有金花；其三，这种带有金花的盏是仿照中国茶盏样式制作的。但有关金花鸟盏具体的形制，文中并没有说明。

以"金花"形容茶盏，那么"金花"应该是某种装饰工艺。查阅宋代相关文献发现，与瓷器工艺相关的"金花"技法有两种。

其一，一种描金的技法。周密在《癸辛杂识续集》中写道："金花定碗，用大蒜汁调金描画，然后再入窑烧之，永不复脱。"② 这里是说在烧制完成的

瓷器上，用大蒜汁加金水描绘出的图案经过再次低温烧制后就不会再脱落了。在河北定窑有少量带有金彩绘制花纹的黑釉茶盏残片出土。这种装饰手法在遇林亭窑也有广泛的应用（见图3-23）。不过流传下来的瓷器残片上金花已脱落，只留下绘制的痕迹，证明这种"永不脱落"的说法并不可信。

图3-23　福建遇林亭窑描金花盏残片

其二，一种镶嵌工艺。陈彭年对"钿"是这样解释的："钿，宝钿，以宝饰器。又音田。"③ 这应该是一种在器物上嵌金的工艺。这种工艺同样可以用在陶瓷上。陕西法门寺地宫出土的实物中，就有一件青瓷茶碗，其口沿和圈足镶嵌银边，碗壁用镀金银箔贴饰花鸟纹样并用漆平脱工艺磨平（见图3-24）。这种技法到了高丽，转变成一种陶瓷阴刻的象嵌工艺。如日本大阪市立东洋陶瓷美术馆藏青瓷象嵌纹碗，便是以这种手法制作的（见图3-25）。

---

① 徐兢. 宣和奉使高丽图经. 影印文渊阁四库全书. 台北：台湾商务印书馆，1982.
② 周密. 癸辛杂识. 影印文渊阁四库全书. 台北：台湾商务印书馆，1982.
③ 顾野王. 玉篇. 上海：中华书局，1934.

图 3-24　法门寺地宫出土漆
平脱秘色碗
资料来源：谢明良. 陶瓷手记：陶瓷
史思索和操作的轨迹. 上海：上海古
籍出版社，2013.

图 3-25　高丽茶碗
资料来源：隋璐. 高丽青瓷茶具初探. 农业考古，2019
（2）：51-57.

　　《宣和奉使高丽图经》不仅自宋代以来在国内有多种版本流传，在高丽时代的朝鲜半岛也有出版。[1] 中国流行的版本多为"金花乌盏"，韩国通行的版本中则多作"金花乌盏"。高丽时期以中国的蜡面茶与龙凤团茶为饮茶的首选，"惟贵中国腊茶并龙凤赐团"[2]，饮茶方式自然也仿效宋代。前文已例证了宋代饮茶"白茶黑盏"的风尚，那么从字面意思来看，"金花乌盏"或许更符合对这种茶盏的描述。

3. 盏之于礼

　　宋代的盏在实用的基础上被赋予了礼的含义。宋代士庶从礼有四：冠、昏（婚）、丧、祭。苏轼云司马光"晚节尤好礼，为冠婚丧祭法，适古今之宜"[3]。朱熹《小学》中也收有"四礼"的条目。四礼成为彼时通行的礼学体制。盏作为常用又多样的器皿，自然在四礼中扮演着重要的角色。

　　宋丧礼秉承儒家重丧之仪，盏作为奠酒器，不仅是一种摆设，也属于动态的用品。《宋史·礼志》载契丹丧礼一种，契丹仿宋制，可以视为宋代丧礼的体现。"班首诣前，执盏跪奠，俯伏，兴，归位，皆再拜。俟使以下俱衰服、绖、杖，成服讫，礼直官再引各依位北向，举哭尽哀。班首少前，去杖，

① 祁庆富.《宣和奉使高丽图经》版本源流考. 社会科学战线，1996（3）：229-234.
② 徐兢. 宣和奉使高丽图经. 影印文渊阁四库全书. 台北：台湾商务印书馆，1982.
③ 朱熹. 宋名臣言行录前集. 影印文渊阁四库全书. 台北：台湾商务印书馆，1982.

跪，奠酒讫，执仗，俯伏，兴，归位。焚纸马，皆举哭，再拜毕，各还次，
服吉服，归驿。"丧礼中，以盏盛奠酒饮之，成为整个礼仪过程中的核心环节
之一。

朱熹《家礼》载："凡节序，及非时家宴，上寿于家长。卑幼盛服，序立，
如朔望之仪，先再拜。子弟之最长者一人进，立于家长之前。幼者一人搢笏，
执酒盏，立于其左。一人搢笏，执酒注，立于其右。长者搢笏跪，斟酒，祝
曰：'伏愿某官，备膺五福，保族宜家。'"[①]盏在此礼中为酒器，构成家庭礼
仪的一部分。

宋孙伟《孙氏荐飨仪范》关于祭器有着详细论述：

> 祭器尚质素，贵纯洁。古之庙制，鼎俎笾豆，奇耦有差，生时飨用
> 之物。事死如事生，故以生时用器奉之。近世用盘盏碗碟，亦斯义也。
> 今每位用盏子十，或圆径六寸，素木加漆，或丹或黑，铅锡铜厢之，庶
> 可耐久。不及漆素木亦可。贫不能具，即五事（十则六荐，熟食果蔬各
> 为二事，五则半比），盘盏一（或铜或锡，或用陶器），碗二（制度如盏
> 子而深，一以饭，一以羹）。[②]

盏在其中承担了重要的任务，哪怕是贫寒之家也得使用。

宋代开始盛行点茶、斗茶与茶百戏。通过搅拌，茶水泛起白沫，此为点
茶；宋人很喜欢相互比较各自泛出白沫的程度，浓稠并厚重者为上，此为斗
茶；在茶沫上做出各种图形的，称为茶百戏。在这些与茶相关的活动中，"盏"
是不可或缺的，而最能体现白色茶沫的便是黑色茶盏。蔡襄在《茶录》中
记载：

---

① 朱熹. 家礼. 影印文渊阁四库全书. 台北：台湾商务印书馆，1982.
② 佚名. 居家必用事类全集. 明隆庆二年（1568）飞来山人刻本.

> 茶色白，宜黑盏，建安所造者绀黑，纹如兔毫，其坯微厚，熁之久
> 热难冷，最为要用。出他处者，或薄，或色紫，皆不及也。其青白盏，
> 斗试家自不用。①

蔡襄认为，除了兔毫盏，其他窑口所出的盏都不适合喝茶。他的论断似乎过于武断。从流传下来的实物看，对于黑釉茶盏，建窑出土的除了兔毫盏，还有鹧鸪斑、油滴、曜变等类型的茶盏。北方定窑、当阳峪窑等窑口也有黑釉茶盏。另外，景德镇窑、德化窑的青白瓷盏也是颇为精美的。总的来说宋代饮茶的一个基本特征就是茶盏具有多样性，甚至影响了至今的整个中国的饮茶传统。

（二）盏托

宋代的盏为倒斗笠状的器皿，并与盏托搭配使用。"盏托"最早出现在唐代《资暇集》：

> 始建中，蜀相崔宁之女以茶杯无衬，病其烫指，取楪子承之。既
> 啜而杯倾，乃以蜡环楪子之央，其杯遂定。即命匠以漆环代蜡，进于
> 蜀相。②

学界曾一度认同所谓"盏托"最初是由崔宁之女为了防止茶杯烫手而加入的一个承托结构。但汉语中一义多词现象较为普遍，我们需要重新寻找盏托的源头。

以托承器自周即有，成书于春秋时期的《周礼·春官·司尊彝》云："春祠、夏禴，裸用鸡彝、鸟彝，皆有舟"，"秋尝、冬烝，裸用斝彝、黄彝，皆有

① 郑培凯，朱自振. 中国历代茶书汇编. 香港：商务印书馆（香港）有限公司，2007.
② 李匡乂. 资暇集. 影印文渊阁四库全书. 台北：台湾商务印书馆，1982.

舟",东汉郑玄注曰:"舟乃尊下台,若今之承盘。"汉儒去周不远,其考证可信度较高,因此,"舟"可以视为彝器之托的最早记录。后世茶托可能源于此。

但这只表明了以托承器的构造,从出土文物来看,真正意义上的茶托出现,则可以追溯到魏晋南北朝。1964年,在湖南长沙砂子塘东晋墓考古中出土了一件青瓷盏托,其堪称目前存留最早的盏托。21世纪初,在南昌出土了南朝洪州窑青釉碗托与碗。学界根据其组合、形制等特征判断出这些出土的盏托即唐李匡乂所谓"茶托子"(见图3-26、图3-27)。

图3-26　江西南昌出土洪州窑盏托
资料来源:曹柯平,周广明.茶托、发酵茶和汤剂——以考古发现切入中国早期茶史.中国农史,2019(5):121-133.

图3-27　江西南昌出土洪州窑茶托
资料来源:曹柯平,周广明.茶托、发酵茶和汤剂——以考古发现切入中国早期茶史.中国农史,2019(5):121-133.

到了宋代,盏托几乎成为茶盏的标配。但在宋代的茶书中,只有《茶具图赞》介绍了盏托。审安老人给盏托起了个名字叫"漆雕秘阁"(见图3-28),其赞语如下:

危而不持,颠而不扶,则吾斯之未能信。以其弭执热之患,无坳堂之覆,故宜辅以宝文,而亲近君子。[1]

---

[1] 郑培凯,朱自振.中国历代茶书汇编.香港:商务印书馆(香港)有限公司,2007.

审安老人把盏托与君子的精神联系在一起，认为盏托的作用与君子类似。现存宋代的盏托实物中，有瓷质、金银质、漆质的，审安老人独以"漆雕"来命名，可能有两点原因：其一，宋代提倡用建盏喝茶，饮茶所用建盏质地比较厚重，再加上饮茶注水，会加重其重量。漆质盏托比瓷质、金银质轻盈，因此在使用的时候不会过多增加重量负担。其二，建盏为倒斗笠状，造型简洁大方，而"漆雕秘阁"表面有繁复的纹样，与建盏形成鲜明对比，在审美上更能衬托出建盏的高贵。

图3-28 《茶具图赞》中的盏托
资料来源：审安老人，等. 古刻新韵：茶具图赞（外三种）. 杭州：浙江人民美术出版社，2013.

1. 盏托的形制

盏托最初是为了防止茶杯烫手的碟子。但杯子直接放碟子上饮用时容易歪倒，于是就在碟子上环了一层蜡来固定杯子（见图3-29）。

图3-29 浙江省博物馆藏元剔犀如意云纹盏托

宋代程大昌在《演繁录》中表示：

> 古者彝有舟爵有坫，即今俗称台盏之类也。然台盏亦始于盏托，托
> 始于唐，前世无有也。崔宁女饮茶，病盏热烫指，取楪子融蜡，象盏足
> 大小而环结其中，置盏于蜡，无所倾侧，因命工髹漆为之。宁喜其为，
> 名之曰托，遂行于世，而托子遂不可废。今世托子又遂着足，以便插取。
> 间有隔塞其中不为通管者，乃初时楪子环蜡遗制也。[①]

首先，程大昌证实唐代崔宁之女创制了茶托；其次，他表示今天有些茶
托中间并不贯通，是当初用蜡的遗制。由此可见，茶托又叫台盏、盏托，由
唐到宋经历了从有隔到无隔的转变。宋代依然沿用唐代带隔的盏托，但更多
是使用不带隔的。图 3-30（a）是带隔盏托，图 3-30（b）为不带隔盏托，盏
托演变的过程如图 3-31 所示。

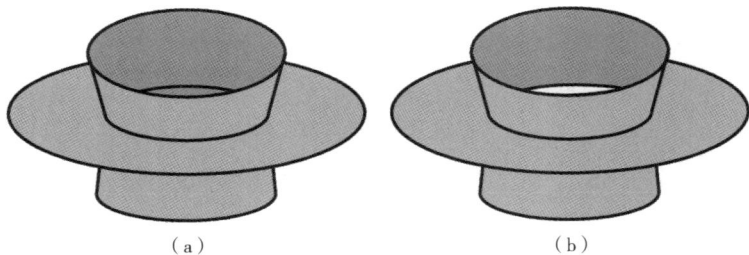

（a）　　　　　　　　　　（b）

图 3-30　宋代盏托样式对比

[①] 程大昌. 演繁露. 影印文渊阁四库全书. 台北：台湾商务印书馆，1982.

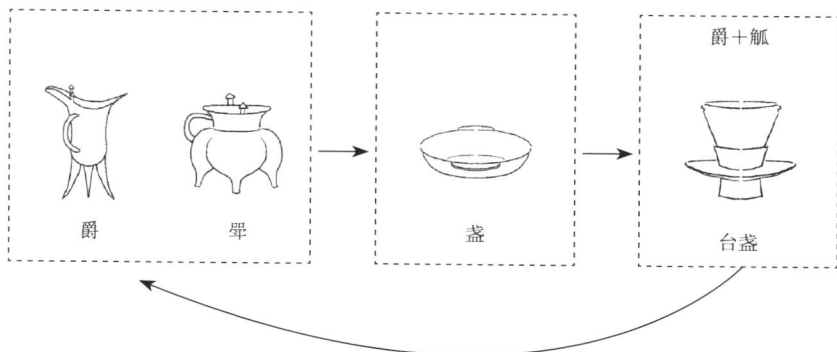

图 3-31　盏托演变的过程

2. 盏托与礼

盏托在宋代是盏行使"礼"的功能时必不可少的配件。作为"礼器"的盏托更多地出现在祭祀、宗教仪式上。朱熹在《家礼》中多次提到盏托，例如："正至朔望则参……于卓上每位茶盏托、酒盏盘各一"[①]，"前一日设位陈器……设酒架于东阶上，别置卓子于其东，设酒注一醙酒盏一，盘一，受胙盘一，匕一，巾一，茶合、茶筅、茶盏托、盐碟、醋瓶于其上。"[②] 司马光在《书仪》中葬仪部分，也说道："于每位设蔬果各于卓子南端，酒盏、匕箸、茶盏托、酱楪于卓子北端。"[③]《齐东野语·有丧不举茶托》记载了在祭祀时盏托的具体用法：

凡居丧者，举茶不用托，虽曰俗礼，然莫晓其义。或谓昔人托必有朱，故有所嫌而然，要必有所据。宋景文《杂记》云，夏侍中薨于京师，子安期他日至馆中，同舍谒见，举茶托如平日，众颇讶之。又平园《思

---

① 朱熹. 家礼. 影印文渊阁四库全书. 台北：台湾商务印书馆，1982.
② 朱熹. 家礼. 影印文渊阁四库全书. 台北：台湾商务印书馆，1982.
③ 司马光. 书仪. 影印文渊阁四库全书. 台北：台湾商务印书馆，1982.

陵记》载，阜陵居高宗丧，宣坐、赐茶，亦不用托。始知此事流传已
久矣。①

　　作为"礼器"的盏托，其出场顺序、位置都是有严格规定的。在丧葬礼
仪中，不能连带盏托一起拿茶盏。除了丧葬、祭祀等礼仪，台盏也出现在平
时君臣赏赐、朋友赠送的礼节中。例如《重编古筠洪城幸清节公松垣文集》
卷十一提到了"百瑞梅花金台盏"。图 3-32 是大英博物馆藏北宋汝窑盏托。
这个圆形碗安装在花形支架顶部，用于泡茶。千年前，窑炉工人通过试验釉
料的配方和改变烧制温度的方式，烧制出举世瞩目的汝窑瓷器。汝窑的釉料
中含玛瑙，因此，釉面的玉质质感独特。《清波杂志》载："汝窑宫中禁烧，
内有玛瑙末为油（通釉）。唯供御拣退，方许出卖。近尤难得。"②

图 3-32　大英博物馆藏北宋汝窑盏托

　　根据以上对于盏托的研究得出结论：盏托始于先秦，唐代逐渐普及，盛
行于宋代。唐代的时候，盏托多为漆器；到了宋代，其材质还有金、银、瓷
等。造型上，唐代的盏托是在碟子的基础上演化来的，因此中间有隔；宋代

---

①　徐乾学. 读礼通考. 影印文渊阁四库全书. 台北：台湾商务印书馆，1982.
②　周辉. 清波杂志. 清乾隆三十七年（1772）至道光三年（1823）长塘鲍氏刻知不足斋丛书本.

依然沿用这种有隔的盏托，但更多的是使用中空的盏托。盏托除了在饮茶时使用之外，在祭祀、丧葬、社交等礼仪中也会使用。由此，本书认为，盏托始于先秦，至南北朝始为茶事之用，到唐代才正式出现在文献中。而盏托真正兴盛于世，则要延及宋代。结合宋代流传下来《徽宗文会图》《春宴图》等有关盏的绘画以及传世出土的实物资料来看，盏与盏托一般会同时出现在宋代的宴饮与聚会场所。宋代兴起的以盏加盏托的组合既有爵类器物的稳定性，又有觚类器物的轻便性，在造型结构上是创新性的改良，在创作思路上是"礼制"的下沉。

五、点茶

击拂是点茶过程中的关键动作，指的是用搅拌工具在茶盏中搅动茶汤，使茶末与水充分融合，形成持久的泡沫。由于饮用方式不同，《茶经》里没有点茶时使用的击拂工具。《茶录》使用茶匙击拂，《大观茶论》和《茶具图赞》的击拂工具是筅。茶匙和筅都具有搅拌茶汤的功能。但是宋代茶书中所述点茶器具的功能和造型在《茶经》里都能找到原型（见表 3-4）。

表 3-4　唐宋茶书中击拂相关语料

茶书	击拂相关语料
《茶经》（唐）	则、竹荚、扎
《茶录》（宋）	茶匙
《大观茶论》（宋）	筅
《茶具图赞》（宋）	竺副帅

资料来源：郑培凯，朱自振.中国历代茶书汇编.香港：商务印书馆（香港）有限公司，2007.

造型上，茶匙与则相似。《茶经》中对于则是这样解释的："则，以海贝、蛎蛤之属，或以铜、铁、竹匕策之类。则者，量也，准也，度也。"① 可知则在唐代饮茶过程中有度量的作用。《方言》有云："匕谓之匙。"由此断定蔡襄所述茶匙与《茶经》中的则为同一器物。而札与筅造型相似。《茶经》记载："札，缉栟榈皮以茱萸木夹而缚之，或截竹束而管之，若巨笔形。"② 这一造型与《大观茶论》中的筅造型相似。不过札在《茶经》中是作为清洁工具使用的。

功能上，茶匙、筅在点茶的过程中都具有搅拌的作用，《茶经》中的竹筴也具此功能："竹筴，或以桃、柳、蒲葵木为之，或以柿心木为之。长一尺，银裹两头。"③ 只不过陆羽所述竹筴是在煮茶的过程中用来搅拌茶汤的，茶匙、茶筅是用于搅拌茶碗中的水并使茶产生浮沫的，以浮沫的色泽和多少判断茶汤的优劣。

（一）茶匙

茶匙出现在蔡襄的《茶录》里。他认为，茶匙要重以便有力地搅拌。因此，茶匙的材质最好是金的。如果购买力不足的话，可以用银或铁的。另外，蔡襄提到，竹质茶匙质地太轻，不适合搅拌茶粉。"茶匙要重，击拂有力。黄金为上，人间以银、铁为之。竹者轻，建茶不取。"④ 这里，茶匙的测量功能减弱，取而代之的是搅拌功能。蔡襄推崇金属材质的茶匙，这是因为金属有一定重量，可以"击拂有力"。毛滂在《谢人分寄密云大小团》中印证了蔡襄的言论："旧闻作匙用黄金，击拂要须金有力。"⑤ 在出土实物中，也发现了铜质茶匙，如图3-33所示。

---

① 郑培凯，朱自振. 中国历代茶书汇编. 香港：商务印书馆（香港）有限公司，2007.
② 郑培凯，朱自振. 中国历代茶书汇编. 香港：商务印书馆（香港）有限公司，2007.
③ 郑培凯，朱自振. 中国历代茶书汇编. 香港：商务印书馆（香港）有限公司，2007.
④ 郑培凯，朱自振. 中国历代茶书汇编. 香港：商务印书馆（香港）有限公司，2007.
⑤ 毛滂. 东堂集. 影印文渊阁四库全书. 台北：台湾商务印书馆，1982.

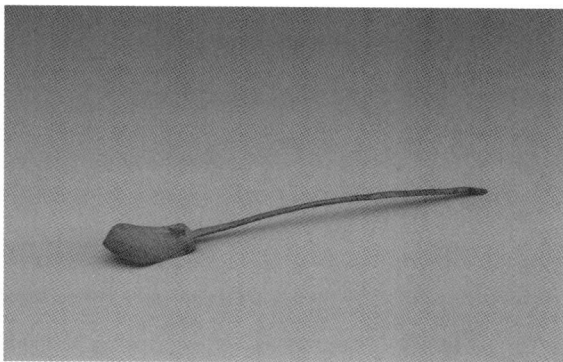

图 3-33　中国茶叶博物馆藏宋代铜茶匙

（二）筅

廖宝秀《宋代吃茶法与茶器之研究》和日本《角川茶道大事典》认为筅起源于宋代。学者关剑平则认为，筅的起源不晚于南北朝。[1]朱砚文、丁以寿更进一步，认为从造型上看，最迟汉代就出现了类似筅的工具，从功能上看，其是由茶匙、筷发展而来。[2]

筅是由茶匙转变而来的观点从《茶录》到《大观茶论》中点茶部分的茶器可以看出端倪——《茶录》中的点茶器具是茶匙，而《大观茶论》中是筅：

> 茶筅以筋竹老者为之，身欲厚重，筅欲疏劲，本欲壮而末必眇，当如剑脊之状。盖身厚重，则操之有力而易于运用；筅疏劲如剑脊，则击拂虽过而浮沫不生。[3]

可见筅是用老竹子制作的，手持的部分比较厚重，前面负责搅拌的部分是削开的竹条，每一根都要像剑脊一样，细密且有韧性。审安老人把筅的样

① 关剑平. 茶筅的起源. 农业考古，1997（4）：193-194.
② 朱砚文，丁以寿. 试探茶筅的起源及演变. 茶业通报，2020，42（4）：177-182.
③ 郑培凯，朱自振. 中国历代茶书汇编. 香港：商务印书馆（香港）有限公司，2007.

子绘制出来让我们更直观地了解（见图3-34），并加了赞语：

> 首阳饿夫，毅谏于兵沸之时，方金鼎扬汤，能探其沸者几希！子之
> 清节，独以身试，非临难不顾者畴见尔。①

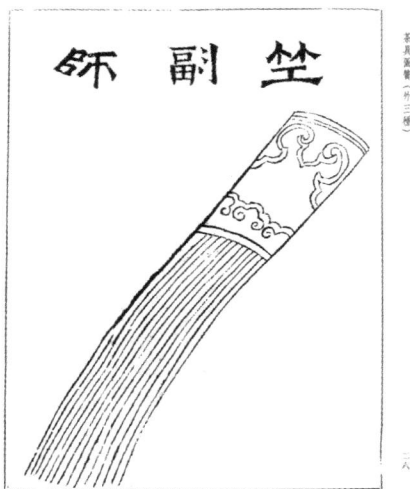

图3-34 《茶具图赞》中的茶筅
资料来源：审安老人，等. 古刻新韵：茶具图赞
（外三种）. 杭州：浙江人民美术出版社，2013.

毫无疑问，审安老人以儒家思想评价了茶筅的品德。宋代以人喻筅的还
有韩驹的诗《谢人寄茶筅子》：

> 立玉干云百尺高，晚年何事困铅刀。
> 看君眉宇真龙种，犹解横身战雪涛。②

---

① 郑培凯，朱自振. 中国历代茶书汇编. 香港：商务印书馆（香港）有限公司，2007.
② 韩驹. 陵阳集. 影印文渊阁四库全书. 台北：台湾商务印书馆，1982.

此诗印证了《大观茶论》的说法，其一，筅是用老竹子做的；其二，筅负责搅拌的部分很有韧性，在搅拌的时候会有一定的弹性，使得茶汤容易出效果。沈冬梅认为茶筅"可以在以前茶匙击拂的基础上，同时对茶汤进行疏弄，使点茶的进程较受点茶者控制，也使点茶效果较如点茶者意愿"[①]。简而言之，就是使用起来筅比茶匙更便利，因此得到了推广。但是，筅这一茶器随着点茶法的没落而消失了。

总之，宋代用来搅茶的工具有两种：茶匙和筅。蔡襄使用的点茶器具是茶匙，宋徽宗使用的点茶器具是用老竹子制作的筅。从宋代流传下来的古籍看，自《大观茶论》后，大多以筅为搅茶工具。究其原因，有材质和使用两方面的因素：筅相较茶匙，成本更低，在使用上更轻便，因此更容易推广。

六、候汤

在饮茶"候汤"这一程序上，《茶经》所使用的茶器最多，有水方、漉水囊、瓢和熟盂；《茶录》里只列举了汤瓶；《大观茶论》里有瓶和杓；《茶具图赞》有汤提点（汤瓶）和胡员外。从功用上看，《茶经》中水方是一种方型的储水器；漉水囊是便于携带使用的储水器；瓢是舀水用的工具；熟盂，顾名思义，是用来贮藏热水的器具。

（一）汤瓶

1. 汤瓶的来源

"汤瓶"是蔡襄在《茶录》中对于饮茶时烧水器具的叫法。但是这一叫法在宋代并不统一。《大观茶论》把这类器物叫作"瓶"，《茶具图赞》叫作"汤提点"，《事物纪原》中称为"茶瓶"，《宣和奉使高丽图经》中称为"汤壶"。宋代饮茶烧水的器具多以"壶""瓶"称呼。"壶"在春秋战国就有明确记

---

① 沈冬梅. 茶的极致：宋代点茶文化. 上海：上海交通大学出版社，2023.

载了，《礼记》载："投壶之礼，主人奉矢，司射奉中，使人执壶。"[1] "瓶"在汉代有比较广泛的应用。《说文解字》载："瓦，土器已烧之总名。象形。凡瓦之属，皆从瓦。"又说："瓶，或从瓦。"又有："甄，汲瓶也。"[2] 可见，"壶"与宴饮之礼有关，"瓶"最初多指陶器。但"壶"的叫法从汉到宋的历史长河中，在汉地逐渐转变成"瓶"，而高丽人依然保留"壶"的称谓。

《事物纪原》载，烧水注汤类器皿的造型最早起源于唐代元和年间。最初盛酒用樽，以勺舀出来。但是由于几十人用一个樽和一只勺，在舀酒的过程中容易溅到外面，所以改用注子，即在类似樽的器皿上加一个流有柄，可以握持。到了太和年间，又把注子的柄改成系，名为偏提：

> 注子
> 《事始》曰：唐元和初，酌酒用樽勺。虽十数人，一樽一杓，挹酒了无遗滴。无几，改用注子。虽起自元和时，而辙失其所造之人。
> 偏提
> 又曰：大和中，仇士良恶，注子之名同郑注，乃去柄安系，若茶瓶而小，异名曰偏提。[3]

《事物纪原》认为，偏提和注子都始于唐朝。偏提是由注子演变而来。简单的说，就是注子用直柄，偏提用曲柄。文中所述偏提与宋代的茶瓶在造型上是有区别的：偏提口短小且粗直，湖南博物院藏唐代长沙窑茶瓶即这种短直流茶瓶。瓶腹上书："张家茶坊，三文一平（瓶）"（见图3-35）。

---

① 郑玄. 礼记注疏. 影印文渊阁四库全书. 台北：台湾商务印书馆，1982.
② 李诫. 营造法式. 影印文渊阁四库全书. 台北：台湾商务印书馆，1982.
③ 高承. 事物纪原. 影印文渊阁四库全书. 台北：台湾商务印书馆，1982.

图3-35　湖南博物院藏唐代长沙窑茶瓶

　　饮茶烧水的器具在宋朝多叫"瓶"，在高丽却称为"壶"。在《宣和奉使高丽图经》中，饮茶时用来煮水的器具称为汤壶：

　　　　汤壶之形，如花壶而差匾，上盖下座，不使泄气，亦古温器之属也。丽人烹茶多设此壶。通高一尺八寸，腹径一尺，量容一斗。[①]

　　高丽人用于煮水的器具叫作汤壶，形状与他们使用的花壶类似。关于花壶，书中是这样描述的：

　　　　花壶之制，上锐下圆，略如垂胆，仍有方坐。四时贮水簪花。旧年不甚作，迩来颇能之。通高八寸，腹径三寸，量容一升。[②]

①　徐兢. 宣和奉使高丽图经. 影印文渊阁四库全书. 台北：台湾商务印书馆，1982.
②　徐兢. 宣和奉使高丽图经. 影印文渊阁四库全书. 台北：台湾商务印书馆，1982.

　　从对花壶的描述看，汤壶的造型像悬胆，花壶的作用是储水和插花，应
该没有壶嘴。由此断定，高丽人所使用的汤壶应该也只是类似悬胆状、没有
壶嘴但有盖子和四方底座的器物。根据文中对汤壶的描述，这种壶器比花
壶要大，大约 57 厘米高、32 厘米宽，可以容一斗水。韩国国立中央博物馆
（National Museum of Korea）官网有一件与汤壶类似的器物，这件器物产生于
高丽王朝时期（918—1392），高 30.1 厘米，底部直径 5.2 厘米，体量明显没
有达到引文中所描述的程度，另外，也没有底座（见图 3-36）。

图 3-36　韩国国立中央博物馆藏高丽茶壶

　　其实这类器皿早在《礼记》中就已经是待客之礼的一部分了。《礼记》中
有一种器物叫"投壶"，其就是宾主在宴饮时用以饮酒作乐的器物。视宾主箭
矢投到壶口的不同状态，加以不同的名目（见图 3-37）。其主体造型跟宋代
的汤壶类似，不过没有壶嘴和壶把。

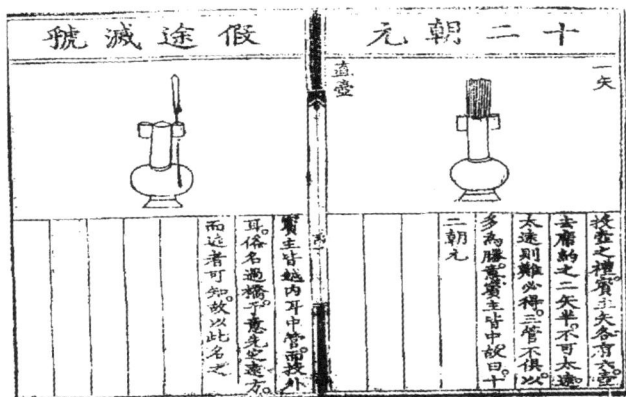

图 3-37　投壶相关记载

由此可见，审安老人把汤瓶当作"礼器"或许有其历史根源。在造型上，汤瓶沿用投壶的悬胆状，加上了把手与壶嘴。徽宗专门对瓶嘴的造型加以说明，蔡襄概述了汤瓶的材质，并指明王公贵族用金、银材质的汤瓶，平民百姓会用瓷质的，证明带壶嘴的汤瓶在宋代已经普及。但是同时期的高丽对饮茶时悬胆状器具的称呼仍沿用汉以来的叫法，称为汤壶，在壶造型的基础上，增加了盖和底座用以保温。

2. 汤瓶的造型

《大观茶论》对"瓶"是这样表述的：

> 瓶宜金银，小大之制，惟所裁给。注汤厉害，独瓶之口嘴而已。嘴之口欲大而宛直，则注汤力紧而不散；嘴之末欲圆小而峻削，则用汤有节而不滴沥。盖汤力紧则发速有节，不滴沥则茶面不破。[①]

从徽宗对瓶的表述可知，烧水用的瓶最好是金质或者银质，有大小不同的型号。从流传下来的实物看，的确如此。四川省德阳县孝泉镇窖藏出土的

---

① 郑培凯，朱自振. 中国历代茶书汇编. 香港：商务印书馆（香港）有限公司，2007.

图 3-38　台北故宫博物院藏宋徽宗
《文会图》

图 3-39　台北故宫博物院藏刘松年
《撵茶图》（局部）

银执壶高 35.2 厘米，而台北故宫博物院藏龙口执壶仅有 19.5 厘米。这从实物的方面证实了徽宗的论述。他还特别强调了壶嘴的造型：壶嘴的口部要大而平直，末端要小而尖削，这样注汤的时候收发随意，既有足够的力度，又不至于滴漏。在徽宗的这一标准指引下，宋代各种材质的瓶都具有长嘴、瓶身修长、曲把等特征。

由于汤瓶大小不同，在使用上也有区别：大的汤瓶兼具煮水、点茶的功能；小汤瓶专用于点茶。

兼具煮水、点茶功能的汤瓶应是大号的，这一点从宋徽宗的《文会图》中可以得到印证。图中两只汤瓶被放入炭火中煮水，另有汤瓶在茶桌上备用。图中一童子右手拿杓，左手持茶盏，似是往盏中注汤。从图中人物与汤瓶的比例来看，其体量颇大（见图 3-38）。

仅用于点茶的汤瓶应是徽宗所指的小汤瓶。这一点从刘松年的《撵茶图》中可以看出端倪：图中一人推磨碾茶，旁边置一类似于釜的器具煮水，另一人依桌而立，使用汤瓶向桌面的熟盂里点茶。熟盂边放着茶筅，里面有杓（见图 3-39）。刘松年为南宋人。可见，自徽宗以后，点茶方式较蔡襄所述略有差别：蔡襄所述的点茶是直接用汤瓶浇入盏中，以金或银质杓搅拌。

自《大观茶论》后，盛茶的工具变成大
的熟盂，搅拌的工具转变为茶筅，在熟
盂中完成点茶，然后以杓分茶。

《茶具图赞》通过绘图的方式使
我们更加直观地了解汤壶的形态（见
图 3-40 ）。赞曰：

> 养浩然之气，发沸腾之声，以
> 执中之能，辅成汤之德，斟酌宾主
> 间，功迈仲叔圉。然未免外烁之
> 忧，复有内热之患，奈何？①

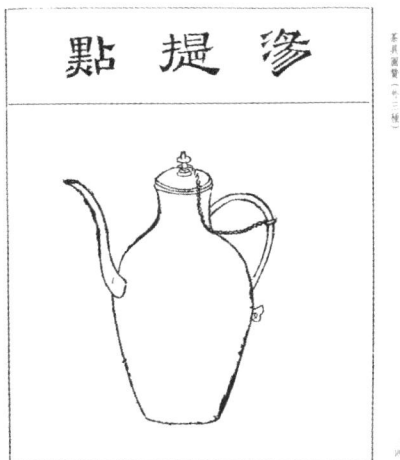

图 3-40　《茶具图赞》中的汤瓶
资料来源：审安老人，等. 古刻新韵：茶具图赞
（外三种）. 杭州：浙江人民美术出版社，2013.

仲叔圉为春秋时期的孔文子，他是专门替卫灵公接待宾客的。审安老
人把汤壶作为宴饮时接待宾客的主事，说明此器物在整个饮茶过程中的重
要性。

3. 汤瓶的材质

《茶录》中对汤瓶的材质是这样记载的："瓶要小者，易候汤，又点茶、
注汤有准。黄金为上，人间以银、铁或瓷、石为之。"② 根据蔡襄所述，汤瓶
体量要小，方便点茶与候汤时掌握出水量；材质最好是金质的，老百姓会用
银、铁、瓷或者石质。蔡襄的这一观点来源于晚唐苏廙的《十六汤品》：

> 第九，压一汤。贵欠金银，贱恶铜铁，则瓷瓶有足取焉。幽士逸夫，
> 品色尤宜，岂不为瓶中之压一乎？……第十一，减价汤。无油之瓦，渗

---

① 郑培凯，朱自振. 中国历代茶书汇编. 香港：商务印书馆（香港）有限公司，2007.
② 郑培凯，朱自振. 中国历代茶书汇编. 香港：商务印书馆（香港）有限公司，2007.

水而有土气。虽御胯宸缄，且将败德销声。谚曰：茶瓶用瓦，如乘折
脚骏登高。^①

苏廙认为，相比金银和铜铁材质，瓷质汤瓶有很多优点，最不赞成用陶
器。因为陶器在烧水的过程中没有玻璃质釉面的隔离，会有土气渗入茶汤中，
影响茶的口感。

蔡襄在《茶录》中论述了汤瓶煮水的功能。在他看来，"候汤"这一环节
最难，因为煮水用的汤瓶为金、银、铁或者瓷、石制作，不透明，不容易观
察火候：

> 候汤最难，未熟则沫浮，过熟则茶沉。前世谓之蟹眼者，过熟汤也。
> 沉瓶中煮之不可辩，故曰候汤最难。^②

蔡襄说饮茶烧水最难，因为水不能不烧开也不能烧得过熟。由于汤瓶的
材质的，在烧水的过程中看不到瓶中的状态，因此火候的掌握最重要。在宋
代，很多诗人以"蟹眼"来形容烧水的过程。例如，黄庭坚有"兔褐金丝宝
碗，松风蟹眼新汤"^③；杨万里有"无端一阵秋声起，唤作铜瓶蟹眼鸣"^④；
喻良能有"旋烧蟹眼烹鹰爪，啜罢呼儿课二京"^⑤；蔡襄有"兔毫紫瓯新，蟹
眼青泉煮"^⑥。不知是为了诗句的效果还是煮水时确实可见，皆用"蟹眼"来
形容。这一疑问在《大观茶论》里得到解答："凡用汤以鱼目、蟹眼连绎并跃
为度，过老则以少新水投之，就火顷刻而后用。"^⑦从这里可以得知，烧水的
状态最好是在"鱼目"和"蟹眼"之间，即水刚翻滚的时候。如果水翻滚的

---

① 陶谷. 清异录. 影印文渊阁四库全书. 台北. 台湾商务印书馆, 1982.
② 郑培凯, 朱自振. 中国历代茶书汇编. 香港：商务印书馆（香港）有限公司, 2007.
③ 黄庭坚. 山谷词. 影印文渊阁四库全书. 台北：台湾商务印书馆, 1982.
④ 吴士玉, 等. 御定骈字类编. 影印文渊阁四库全书. 台北：台湾商务印书馆, 1982.
⑤ 喻良能. 香山集. 影印文渊阁四库全书. 台北：台湾商务印书馆, 1982.
⑥ 蔡襄. 端明集. 影印文渊阁四库全书. 台北：台湾商务印书馆, 1982.
⑦ 郑培凯, 朱自振. 中国历代茶书汇编. 香港：商务印书馆（香港）有限公司, 2007.

时间过长，就稍微加点冷水，再煮片刻后使用。这就解释了为什么宋代那么多诗人用"蟹眼"来形容烧水的火候。

根据以上论述，我们可以看到一条清晰的汤瓶进化路径：汤瓶由偏提改良而来，偏提又是注子的改进版本。相对于唐朝的偏提，宋朝的汤瓶长颈，带盖，瓶身修长，曲把，长流。汤瓶在高丽被称作"汤壶"，形成了汤瓶家族的另一大分支。

（二）杓

从《茶录》到《大观茶论》，点茶部分多了杓，《茶具图赞》也保留了这一茶器。对此的认知目前学界有争议：一是认为《大观茶论》中杓的功能与汤瓶重复。廖宝秀在《宋代吃茶法与茶器之研究》中认为《大观茶论》所述杓与茶瓶用途相同。相关对点茶法的研究认为，点茶所需为茶瓶，而根据徽宗所述，杓似乎也是点茶器具，两者存在矛盾；《茶具图赞》中所述杓是把水舀到茶瓶中的器具。二是原文没有做详述。学者朱心怡在《〈茶具图赞〉研究》详细论述了审安老人给胡员外起的名、字、号的来历，以及赞语内容，但是"胡员外"到底在饮茶过程中什么时候出现以及具体的用法依然不清楚。三是把蔡襄《茶录》中的茶匙与《大观茶论》中的杓相提并论。

1. 杓的起源

高承在《事物纪原》里记载了杓的起源：

> 《礼·明堂位》曰勺："夏后氏以龙勺。"推此以考，盖前有制矣，有夏始加以龙饰。杓即勺也。祭祀曰勺，民用曰杓，其实一也。或以勺之所容不过升，勺命之。而杓则加广其所受，皆取酌焉，遂异其名制也。[①]

"勺"在夏朝之前就有了。"勺"与"杓"其实一样的。民间用"杓"

---

① 高承. 事物纪原. 影印文渊阁四库全书. 台北：台湾商务印书馆，1982.

的原因可能是因为"勺"的容量太小,"杓"容量更大。古代的 1 升为 1/10 斗,大约是 200 毫升。这个容量在高承看来,还不够大。此外,要把民间日用的杓与祭祀时用的勺加以区分。

在宋代三本有关茶器的古籍(《茶录》《大观茶论》《茶具图赞》)中,杓在点茶过程中出现的顺序和用法都不统一。《茶录》中的杓叫"茶匙",出现在茶盏之后、汤瓶之前。根据描述可知,其是用来搅拌茶粉的。《大观茶论》里用于搅拌茶粉的工具是筅,杓位于汤瓶之后,是舀茶汤的工具。《茶具图赞》中的杓名胡员外,出现在茶磨之后,茶罗之前。根据其图示和名称得知,此杓为葫芦切半所成,是用来舀水的。《茶录》中的茶匙前文已详细论述过,此处就《大观茶论》《茶具图赞》中杓在饮茶过程中的出现顺序和使用方式加以论述。

2.《大观茶论》中的杓

《大观茶论》里对杓的大小有明确的说明,要差不多有一盏茶的容量:

> 杓之大小,当以可受一盏茶为量。过一盏则必归其余,不及则必取其不足。倾杓烦数,茶必冰矣。[①]

宋代茶盏容量约 100 毫升,因此,徽宗所指"杓"的容量应该比"勺"小,是《事物纪原》里勺的一半。杓所舀出来的水要正好满一盏茶。这印证了《文会图》中所示:杓与大的茶瓶配套,在熟盂中点茶之后,以杓舀水入茶碗,解释了"可受一盏茶为量"的说法。由此,《大观茶论》的饮茶顺序为碾茶—熁盏—搅拌茶粉—点茶—分茶—饮茶。相较于蔡襄《茶录》中的碾茶—熁盏—搅拌茶粉—点茶—饮茶,多了分茶的程序。

宋徽宗与蔡襄点茶的不同之处在于"众乐"与"独乐"的区别。蔡襄用茶匙搅拌茶粉,金属茶匙的力量与一盏茶汤所需搅拌的力度相当,通过三次

---

① 郑培凯,朱自振. 中国历代茶书汇编. 香港:商务印书馆(香港)有限公司,2007.

击拂达到"白茶黑盏"的效果。徽宗时茶器多了比茶盏大的熟盂。这样的饮茶方式适合多人分享，熟盂表面的浮花适合盏面绘画，为"茶百戏"提供了可能。

3.《茶具图赞》中的杓

《茶具图赞》中胡员外（杓）与《茶录》中的茶匙从造型、材质到用途都不同。有三个证据：其一，蔡襄在《茶录》里描述了点茶使用茶匙的材质和用途："茶匙要重，击拂有力。黄金为上，人间以银、铁为之。竹者轻，建茶不取。"[①] 这里说明了茶匙的材质最好是金的，其次为银、铁，以便在搅拌茶粉的时候使得上劲儿。他还指明，竹质的茶匙因为比较轻，不适合。《茶具图赞》中的胡员外（见图 3-41），根据其名称、配图可知，是葫芦制作的，与竹质重量相当，不适合作为茶匙击拂。其二，以文中胡

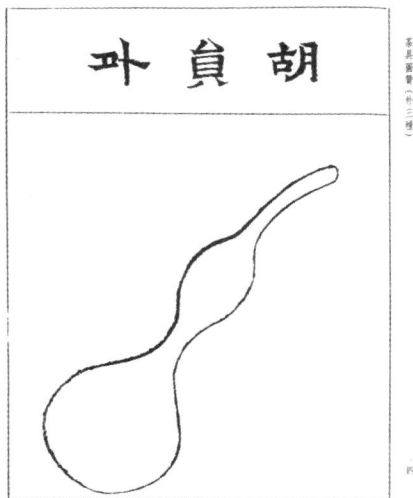

图 3-41 《茶具图赞》中的杓
资料来源：审安老人，等. 古刻新韵：茶具图赞（外三种）. 杭州：浙江人民美术出版社，2013.

员外的字"惟一"来判断，其与"弱水三千，只取一瓢"近意；号"贮月仙翁"，月亮在盛满水的瓢中的倒影恰似水瓢中贮藏了月亮，两者的情形类似。其三，胡员外（杓）的出现在石转运（茶磨）之后、罗枢密（茶罗）之前，还不到点茶击拂的阶段。那么，是审安老人写错了吗？其实并不然，因为该书的写作手法是把茶器拟人化，使之在儒家思想的指导下，更加"合礼"地"各就各位"：

---

① 郑培凯，朱自振. 中国历代茶书汇编. 香港：商务印书馆（香港）有限公司，2007.

周旋中规而不逾其间，动静有常而性苦其卓，郁结之患悉能破之。虽中无所有，而外能研究，其精微不足以望圆机之士。①

"胡"即葫芦的谐音，可断《茶具图赞》中所述杓是葫芦做的；"员外"是古代编制外的工作人员，不论职务还是待遇都具有不固定性。审安老人把它放在茶磨的后面，可见，茶杓是点茶时用来舀水的。由于员外这个官职是机动的，根据上述"杓"在《茶录》《大观茶论》中的不同位置、不同造型以及不同的使用方式，杓在《茶具图赞》中虽是作为点茶的时候舀水的茶器，但在其他茶器使用过程中也会出现。

从以上宋代的茶书中，我们还是无法清楚得知杓的使用方式和容量。苏轼的茶诗《汲江煎茶》可能为我们回答了这个问题：

活水还需活火烹，自临钓石取深清。
大瓢贮月归春瓮，小杓分江入夜瓶。
雪乳已翻煎处脚，松风忽作泻时声。
枯肠未易禁三碗，坐厅荒城长短更。

苏轼认为杓的容量小于瓢，杓是（在春瓮中水开之后）把水舀入茶瓶中用以点茶的。

七、清洁

有关饮茶时的清洁用具，在宋代古籍中，只收录于《茶具图赞》中，名曰司职方，即茶巾。其赞语曰：

---

① 郑培凯，朱自振. 中国历代茶书汇编. 香港：商务印书馆（香港）有限公司，2007.

　　互乡童子，圣人犹且与其进，况端方质素，经纬有理，终身涅而不缁者，此孔子之所以与洁也。①

　　审安老人把茶巾与人的品德联系在一起，认为茶巾形制端方，颜色质朴，一经一纬暗合天理，内质秀美不受污染，进而以物寓人，表达他对做人的高尚品德的理解。这显然是受儒家影响的表现。

　　随着语料学研究的深入，我们通过古代语料对古器物的解读也逐渐接近真实。通过大规模的查找举证宋代茶器语料，我们不但解释了宋代茶器的造型样式问题，而且对茶器语料的流传过程也有了较为清晰的认识。本书通过考察和研究茶器相关古籍中的语料，反向追踪溯源，还原了个别茶器的造型样式。

①　郑培凯，朱自振. 中国历代茶书汇编. 香港：商务印书馆（香港）有限公司，2007.

第四章

宋代不同社会阶层的茶器思想

  宋代对茶器的看法是自上而下的。宋太宗赵光义太平兴国年间,为了区别其他茶种,派使者去福建制造了龙凤茶模。丁谓在做福建转运使的时候把这种茶模记录在他的著作《北苑茶录》里。可惜原文已佚。蔡襄在做福建转运使的时候,创制小团龙茶,受到了宋仁宗赵祯的赏识。蔡襄撰写的《茶录》影响了宋代的茶器审美。

  《茶录》之后,宋代掀起了一股关注茶器的热潮。文人、士大夫,甚至僧人都乐此不疲地撰文谈论怎样品评茶器,这是前所未见的现象。饮茶并不是宋代才有的现象,但在北宋发扬光大,充分发挥了它的审美作用,以至我们今天一提到茶就想到宋代的饮茶方式。

  针对茶器这些不同社会阶层的思想领域之间是否有联系?首先,苏轼和徽宗是关键人物。苏轼常与僧人往来,其思想多来源于庄子,苏轼之后僧人的茶器思想与苏轼的思想多有类似;徽宗的茶器思想在文人、士大夫以及南宋民间著作中都有体现。基于此,我们认为北宋有两种主流茶器思想。

  一类是苏轼提出的等观理论。苏轼虽然肯定了蔡襄创制的小团龙茶以及饮茶的方式,但是,他对这种耗费大量人力、物力以博皇帝欢心的行为极为不齿,提出了一种"等观"的思想。他认为,不论是茶与墨、茶与道,还是不同社会阶级饮茶都应该以一种平等的眼光看待。在这一思想主导下的茶道等观论与禅茶一味合成一体，成为佛教弘道的法器。释惠洪主张以茶惠佛，把参禅的体悟以诗歌的形式表现出来，其中不乏有关茶与茶器的内容；佛照德光则把茶器作为弘法的物证，著名的马蝗绊茶瓯就是他送给日本大臣平重盛的。

另一类是徽宗倡导的以礼治国思想，进而发展出器以藏礼的理论。这一思想呈现出两个发展方向，一是发展了蔡襄《茶录》中茶器使用的方式，出现了《大观茶论》，体现礼制中的"与民同乐"思想；二是发展了物本身所体现的礼制，如徽宗敕撰、王黼编写的《宣和博古图录》集合了上古器物的礼的内容，以凸显儒家经典《易传》所阐发的制器尚象的思想，从而证明宋朝政权的合法性。以茶论礼思想在南宋被审安老人以不无戏谑的口吻演绎为《茶具图赞》，这是北宋茶礼的隐喻（见图 4-1）。

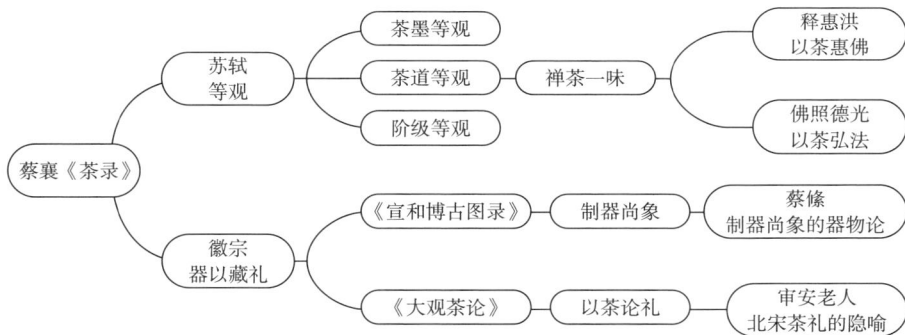

图 4-1　宋代茶器思想演变过程

一、皇帝与士大夫

北宋政府非常重视茶叶及其产业。宋太宗时就已经出台了茶叶相关的政策。为了促进茶叶生产，太平兴国年间，宋太宗委派特使去福建督办制作龙凤茶模，这意味着茶叶生产逐渐走向标准化，是有利于茶业管理的举措之一。福建转运使丁谓亲自去现场考察，撰写茶学著作《北苑茶录》，其中记载了茶模。后来的福建转运使蔡襄同样亲自过问茶叶生产，甚至与茶业工人合作创制了新的茶种——小团龙茶，得到了宋仁宗的赞赏。宋徽宗也很欣赏小团龙茶，由此投入精力研究制茶、品茶，撰写了《大观茶论》。朝廷喜爱茶，重视茶，把茶叶纳入政府专卖的范围内，这让茶叶成了一个重要的产业，品茶成为全社会盛行的时尚。

对于北苑贡茶，蔡襄及其族人做了极大的宣传与推广。他本人在创制小团龙茶之外，还著有《茶录》。他的堂弟蔡京在任期间，修改了宋时的茶法，明确了运输茶叶所使用茶笼的规格和形制；蔡京之子蔡絛撰写了《铁围山丛谈》，对蔡襄研发北苑贡茶的历程做了详细记载。

由于皇帝的欣赏与蔡襄及其家族的推广，北宋的文人、士大夫对北苑贡茶情有独钟，写了大量赞美北苑贡茶的诗文。但是，苏轼在欣赏建窑的茶盏与北苑贡茶的同时，也表达了对生产这些器物所要耗费的大量的人力、物力的担心。他对茶器的态度主要体现在他的"等观"思想上，这种思想在宋代佛家得到了发扬。

（一）蔡襄

蔡襄奠定了宋代点茶理论的基础。蔡襄之后，宋徽宗、熊蕃、赵汝砺、审安老人等都借鉴了其著作的内容。根据 2016 年郑培凯、朱自振主编的《中国历代茶书汇编》一书，从唐至清共 114 种茶书中，有四部名为《茶录》的书。在已知四部《茶录》中，蔡襄的作品成书最早，成为继陆羽《茶经》后最具影响力的茶类著作之一。虽然蔡襄著作中的茶器造型样式大多在汉代就有雏形，但是，在蔡襄之前，器物的发展与点茶程序的关联有限。

蔡襄以说明文的形式撰写了《茶录》，介绍北苑贡茶的采摘、制作程序以及饮茶所使用的茶器。其内容分上篇与下篇，上篇介绍茶的色、香、味，下篇专门介绍了茶器。《茶录》问世后，宋子安《东溪试茶录》、黄儒《品茶要录》、唐庚《斗茶记》、赵佶《大观茶论》、曾慥《茶录》、熊蕃《宣和北苑贡茶录》、赵汝砺《北苑别录》、审安老人《茶具图赞》相继出现。一时间，形成了研究点茶以及相应茶器的热潮，并影响了后世。蔡襄的《茶录》在明清有关茶类著作中多有引用。

北宋开始关注器物与最初的使用之间的关系。具体来说，就是将早期器物的造型样式与使用方式应用到现实生活中。蔡襄通过建立传统器物与在当时饮茶程序中各环节所使用的茶器的关联，形成了一整套建茶的饮茶审美体系。

1. 饮茶程序的构建

与陆羽所述煎茶法不同，蔡襄的研究主要集中在建茶的制作、茶器的样式和饮用程序上。他不仅革新了茶叶的制作方式，而且对茶器的造型和使用方式都进行了阐发，形成藏茶—炙茶—碾茶—罗茶—候汤—熁盏—点茶的建茶饮用体系，并规定了每个程序所使用的茶器（见表4-1）。这种程序的设定使饮茶不再只是满足生理需求，而是升格为一种特定的仪式。之后徽宗《大观茶论》也以这种方式规定了人的饮茶行为，形成一种茶礼，影响了整个宋朝的饮茶方式。

宋仁宗庆历年间，蔡襄为福建转运使，在原有8片一斤的大团龙茶的基础上，创制了20片一斤的小团龙茶。他强调建盏的审美价值，奠定了"黑盏白茶"的审美风尚。他提出茶叶制作完成后，先贮藏，按需饮用。这里便隐含了如何观照采茶—制茶—饮茶关系的问题。

表4-1　《茶录》中的茶器与饮茶程序

饮茶程序	茶器
藏茶	茶笼
炙茶	茶焙、茶钤
碾茶	砧椎、茶碾
罗茶	茶罗
候汤	汤瓶
熁盏	茶盏

续表

饮茶程序	茶器
点茶	茶匙

资料来源：郑培凯，朱自振．中国历代茶书汇编．香港：商务印书馆（香港）有限公司，2007．

蔡襄在创制了小团龙茶后，把这种茶进贡给了皇帝。宋仁宗对之尤为珍爱；他自己品尝的同时，偶尔会把小团龙茶赏赐给大臣。欧阳修在《龙茶录后序》里便记录了这一情形。欧阳修把小团龙茶视为世人竭力搜求的珍宝，他做官20多年，只获得这么一次赐予。可见这种茶在当时非常珍贵。他甚至用"玩"而不是品饮来讨论茶饼，把茶饼当作藏品。

蔡襄不仅把其创制的小团龙茶进贡给皇帝，也把建茶寄给当朝的好友品尝。梅尧臣在《依韵和杜相公谢蔡君谟寄茶》中表示"团香已入中都府，斗品争传太傅家"①，称赞建茶的香气，刚到院门外，屋里已经闻到了。

蔡襄通过对饮茶程序的设定，事实上建立了点茶的品饮及审美标准，并通过进献皇帝和赠送亲友的形式在宋代的皇族和文人、士大夫间宣传了这套标准。由于蔡襄的推荐，皇帝和文人、士大夫纷纷撰文赞赏小团龙茶，一时形成"金可有，而茶不可得"的局面。北宋的文人、士大夫针对建茶展开了热烈的讨论，与建茶相关的茶器成为争相收藏的对象。由此可见，蔡襄及其家族为建茶的推广做了大量努力，在这一过程中，丰富了饮用建茶所使用器物的造型样式与制作技法，使宋代点茶蔚然成风，亦影响了后世的茶器理论。

2."实用"与"赏鉴"相结合

蔡襄的茶器思想主要分为"实用"和"赏鉴"两个部分。他在《茶录》里多次提及茶器的制造与材质、结构之间的关系：蔡襄认为茶焙要用竹子编

---

① 梅尧臣．宛陵集．影印文渊阁四库全书．台北：台湾商务印书馆，1984．

制并裹以箬叶，以便使烘茶叶的火适度，从而养茶的色、香、味；茶叶的储存需要用到茶笼，并以箬叶裹住；碎茶的器具是砧椎，木质的；茶钤为金或铁质；茶碾是银或铁质；茶盏稍厚，最好是建安所产，黑色，兔毫盏为上；茶罗需要用四川东部鹅溪的画绢；茶匙最好是金的，有一定重量；汤瓶要小，容易盛茶汤，另外，小的汤瓶也适用于点茶。在蔡襄的这一系列描述中，围绕"实用"标明各茶器的材质，有些还详细标明了产地。在对盏的描述中，除了实用功能还强调了审美功能。饮用白茶时，黑色的茶盏更能体现其饮用时的审美价值，因此，强调了要使用建安所产兔毫盏。

（二）苏轼

苏轼的茶器主张散见于《书茶墨相反》等文章。既有转述他人的言论，也有自成一家的说法，不乏真知灼见。这里选择苏轼有关茶器比较典型的论点加以论述。

"等观"思想，最先出现在西晋的《普曜经》中，原文是："诸贤者等观此东西南北思维上下十方世界。"后前秦的《增一阿含经》与南北朝时期的《楞伽经》《杂阿含经》等佛教典籍中都有使用。因此可知，"等观"源于佛教思想，强调宇宙万物与人类是互为因果、同体共生、不可分割的整体，从而揭示了宇宙万物之间的依赖性、相对性，以及立足于其上的平等性。[①]

苏轼创造性地把佛教的"等观"思想运用到对茶器的理解上，这体现在茶器与书画、佛道、劳作者之间的比较中。他在把茶与墨、点茶与梵语三昧相提并论的时候，提高了茶器在文人交流中的地位；他在把饮茶与采茶等量齐观时，体现出了他对劳动人民的同情。在苏轼看来，茶与墨虽然在使用方式、外观上的评价标准不同，但在精神层次上的标准是类似的。总的说来，苏轼是以一种"等观"的思想看待茶器与其他事物的。

---

① 黎在珣. 佛教平等观的和合价值. 第九届寒山寺文化论坛论文集（2015）. 苏州：苏州市寒山寺，2015.

1. 茶墨等观

苏轼是最早把碾茶与磨墨相提并论的人。宋时碾茶已经成为一种文人间文会交流的程序之一。宋代茶墨有关文献主要有五篇，分布在九部书里。其中，苏轼有关茶墨的文章有四篇，分别是《书茶墨相反》《书墨》《记温公论茶墨》《记王晋卿墨》。

《书茶墨相反》在明代被收录在《程氏墨苑》中，清代收录在《茶史》《敕建净慈寺志》《渔洋山人精华录训纂》中；《书墨》在明代被收录在《程氏墨苑》和《文章辨体汇选》中，在清代被收录在《证俗文》和《渔洋山人精华录训纂》中。可见，苏轼的茶墨观影响了后世对茶墨的看法。

宋代另外一篇有关茶墨的文献是孔平仲的《梦锡惠墨答以蜀茶》。这首诗在宋代主要收录在《青山续集》和《清江三孔集》。清代《宋诗钞》《御定佩文斋咏物诗选》《渊鉴类函》有收录。

苏轼《书墨》或许可以代表苏轼对茶墨的主要看法：

> 余蓄墨数百挺，暇日辄出品试之，终无黑者，其间不过一二可人意。以此知世间佳物，自是难得。茶欲其白，墨欲其黑。方求黑时嫌漆白，方求白时嫌雪黑：自是人不会事也。[①]

茶与墨均为文人常用之物，各类之中均有质的高低差异，质优者必为少数。墨之质优者显黑，茶之质优者显白，但如果要求黑过漆，白胜雪，纯而又纯，又有些过于极端了。苏轼在《书茶墨相反》里进而深入比较，多方阐述茶与墨的异同：

> 茶欲其白，常患其黑。墨则反是。然墨磨隔宿则色暗，茶碾过日则香减，颇相似也。茶以新为贵，墨以古为佳，又相反矣。茶可于口，墨

---

① 贺复征. 文章辨体汇选. 影印文渊阁四库全书. 台北：台湾商务印书馆，1982.

可于目。蔡君谟老病不能饮，则烹而玩之。吕行甫好藏墨而不能书，则时磨而小啜之。此又可以发来者之一笑也。[①]

苏轼把茶与墨的异同进行了对比，认为茶与墨有两点不同：（磨出的）茶以白为美，墨以黑为贵；茶要喝新鲜的，墨要用陈年的。但是磨过的茶与墨都不适合存放太久，这一点茶与墨类似。文末以两个例子点出了喜爱与使用之间的矛盾：蔡襄爱茶，但年纪大的时候不能喝，只能以烹茶为乐；吕希彦喜欢藏墨但字写不好，因此经常把磨好的墨拿来品尝。由此判断，苏轼对物的态度是"物尽其用"。

苏轼在《记温公论茶墨》中通过一段自己与司马光有关茶墨的对话表明了自己的观点，虽然茶与墨表面看起来不同甚至相对，但其本质却有相同之处：

> 司马温公尝曰："茶与墨政相反。茶欲白，墨欲黑。茶欲重，墨欲轻。茶欲新，墨欲陈。"予曰："二物之质诚然，然亦有同者。"公曰："谓何？"予曰："奇茶妙墨皆香，是其德同也；皆坚，是其操同也。譬如贤人君子，妍丑黔皙之不同，其德操韫藏，实无以异。"公笑以为是。
>
> 元祐五年十二月二十六日，醇老、全翁、元之、敦夫、子瞻同游南屏寺，寺僧谦出奇茗如玉雪。适会三衢蔡熙之子瑶出所造墨，黑如漆。墨欲其黑，茶欲其白，物转颠倒，未知孰是。大众一笑而去。[②]

这里苏轼进一步把茶墨与做人的道德和操守联系在一起。文中提到元祐五年游南屏寺的情形。前段所提司马光则于元祐元年去世，由此可推断当时的情形是南屏寺的僧人拿出上好的茶，碾成粉末白如雪，又正巧遇到了蔡瑶

---

①　贺复征. 文章辨体汇选. 影印文渊阁四库全书. 台北：台湾商务印书馆，1982.
②　赵令畤. 侯鲭录. 影印文渊阁四库全书. 台北：台湾商务印书馆，1982.

所制作的如漆一般黑的墨，进而想到之前与司马光的对话，觉得物外表的迥然相异与其在精神层面的相似，不知孰是孰非。

在《记王晋卿墨》中苏轼给出了他的结论：

> 王晋卿造墨，用黄金丹砂，墨成，价与金等。三衢蔡珤自烟煤胶外，一物不用，特以和剂有法，甚黑而光，殆不减晋卿。胡人谓犀黑暗，象白暗，可以名墨，亦可以名茶。[①]

苏轼在他四篇有关茶墨的文章中，两次提到了蔡珤，说他从选材到制墨每一步都很讲究。但是，在《春渚纪闻》里记载，蔡珤虽然是制墨世家出身，但是为了牟取暴利，只选用比较差的材料制墨。这是关注点不同。不过，就《记温公论茶墨》中有关司马光"墨欲轻"的说法，晁贯之在《墨经》里却有相反的看法："煤贵轻，墨贵重。今世人择墨贵轻，甚非。"[②]

关于《记王晋卿墨》中"犀黑暗，象白暗"的说法，释惠洪《冷斋夜话》卷一有这样的解释："诗人多用方言，南人谓象牙为白暗，犀为黑暗。"[③]可知，苏轼是用南方人关于象牙与犀角类似的方言来说明墨与茶的关系。其实，苏轼更想说的是，君子无论外表是怎样的，他们的精神层面是类似的。以碾茶来说明人的精神层面的还有黄庭坚。他在《奉同六舅尚书咏茶碾煎烹三首》中有"碎身粉骨方余味，莫厌声喧万壑雷"。黄庭坚是苏轼的学生，号称苏门四学士之一。他们用拟人的手法写物，彰显了当时文人、士大夫的做人准则。由此，研墨与碾茶在动作上类似，在精神层面也类似。

《书茶墨相反》表现了苏轼对碾茶与磨墨的看法，《记温公论茶墨》表现了苏轼对司马光茶墨论的看法。孔平仲《梦锡惠墨答以蜀茶》把茶与墨看作同等价值的物品，这说明这种茶墨等观的观点在北宋文人、士大夫之间已经

---

① 苏轼. 仇池笔记. 影印文渊阁四库全书. 台北：台湾商务印书馆，1982.
② 晁贯之. 墨经. 影印文渊阁四库全书. 台北：台湾商务印书馆，1982.
③ 彭乘. 墨客挥犀. 影印文渊阁四库全书. 台北：台湾商务印书馆，1982.

达成共识了。

2. 茶道等观

"三昧"是梵语"Samādhi"的音译，是佛教的重要修行方法之一，意指去掉杂念，集中注意力以进入更高境界并能够完全改变生命状态。将"三昧"的宗教解脱论引入文艺创作领域，打通禅学与文学的壁垒，是宋代文人、士大夫与僧人的一个重要贡献；而把点茶时需注水三次的动作与佛教"三昧"联系在一起，是苏轼的又一个独特观点。他在《送南屏谦师》中写道：

> 道人晓出南屏山，来试点茶三昧手。
> 忽惊午盏兔毛斑，打作春瓮鹅儿酒。
> 天台乳花世不见，玉川风腋今安有。
> 先生有意续茶经，会使老谦名不朽。[①]

其中第一句道出时间，为早晨，第二句"忽惊午盏"表示已到中午，说明点茶需要时间和程序。"点茶三昧手"是指点茶时需要三次注水才能完成，暗合梵语"三昧"。根据诗句，从点茶到饮茶需要一定时间，这与佛教所讲三昧的修行方式类似。

根据《东坡全集》的内容，我们发现，苏轼在不同场景中用了"三昧"。在《赠僧思谊》（一题《又赠老谦》）中写道："泻汤旧得茶三昧。"可见，佛家思想对苏轼影响至深，以"三昧"喻茶是他独到的见解。

由于苏轼较大的影响力，同时代的人开始研究他的文章。这种把茶与三昧结合的论点也被认可和提及，在宋代就得到了关注。《优古堂诗话》就对这首《送南屏谦师》做了点评。元代张雨把这种说法引用到他的著作《句曲外史集》中，清代刘源长把这一说法录入《茶史》中，说明这种把茶与禅修相类比的说法得到了广泛的认可。

---

① 苏轼. 苏诗补注. 查慎行, 补注. 影印文渊阁四库全书. 台北：台湾商务印书馆, 1982.

3. 阶层等观

对于建茶和与之相对应的茶器，苏轼自然是赞赏有加。但与他人不同，他还表达了对劳动人民为了制茶所付出的劳动和赋税的忧心。他在《荔枝叹》中云："君不见武夷溪边粟粒芽，前丁后蔡相笼加。争新买宠各出意，今年斗品充官茶。"① 其自注后："大小龙茶，始于丁晋公，成于君谟。欧阳永叔闻君谟进小龙团，惊叹曰：'君谟士人也，何至作此事？'"② 此后，罗大经《鹤林玉露》、李刘《梅亭先生四六标准》、祝穆《方舆胜览》等都引用了苏轼的"前丁后蔡相笼加"诗句。《苕溪渔隐丛话前集》有针对此诗的讨论，不一而足。

（三）徽宗

徽宗向来被史学家定义为一位具有极高艺术造诣但不擅长政治的皇帝。对于传统史学家来说，徽宗代表了宋代重文抑武的顶峰，并借此给徽宗打上"不务正业"的标签。在他们看来，徽宗把大部分精力都放在书画欣赏、古器物鉴别上，把所有朝政内容都抛给了宰相蔡京。这使得蔡京专权，为所欲为，被列入"六贼"的名单。道德史观的传统史学思想不但决定了徽宗朝原始资料的写作，也决定了它们流通和传世的方式。在这种思想引领下的《宋史》编撰，没有把《大观茶论》和《宣和博古图》记录在内。基于这种道德史观及原始史料的缺失，后世学者在回顾徽宗朝时难免有后见之明，认为徽宗的玩物丧志导致了国家的灭亡。本部分基于既有文献记录重新审视徽宗对物的态度，以及这一态度与他治国思想的关系。

徽宗是一位希望以"礼"来保证国家长治久安的皇帝。这种"礼"的内涵不仅表现在君臣的礼仪，人与人之间交往的方式，而且包括法规条文对处世模式的规定。对于"礼"的解释，司马光在《资治通鉴》中讲道："臣闻天

---

① 苏轼. 苏诗补注. 查慎行，补注. 影印文渊阁四库全书. 台北：台湾商务印书馆，1982.
② 苏轼. 东坡诗集注. 影印文渊阁四库全书. 台北：台湾商务印书馆，1982.

子之职莫大于礼，礼莫大于分，分莫大于名。何谓礼？纪纲是也。何谓分？君臣是也。何谓名？公侯卿大夫是也。"[1] 可见，礼与"纪纲"等同。在他看来，"天子"的职责就是在思想上规定人与人交往的礼仪，在举止上制定相关的法律来约束人的行为。

徽宗借用中央集权的国家制度，以复兴远古伦理和政治秩序为出发点，希望以"礼"作为制度统治国家。徽宗作为一位对古器物具有极大兴趣的皇帝，发现当下使用的青铜器与商周出土的青铜器在造型样式上颇为不同，因此在 1113 年颁布的一份诏书中表示："（当今的器物）去古既远，礼失其传。"[2] 以此作为恢复远古之礼的宣示。

为了证明"以礼治国"的合法性，徽宗恢复了大量上古的礼仪制度，以这种形式确保君王的长寿无疆、国家的长治久安。徽宗着人整理夏商周时期的青铜器，希望从远古的器物中找到以礼治国的物证。他主持编撰了一系列有关"物"的文本：《宣和博古录》《宣和睿览册》《宣和画谱》《宣和书谱》以及《宣和印谱》（已佚）。这些书籍的出版，从国家层面为古器物学、金石学、画论、篆刻的发展奠定了基础。又建立了礼制局，对与之相关的礼器铸造、殿宇的设计以及礼仪活动的形式进行了一系列的变革。

徽宗希望上古的礼仪能够深入人民生活中，因此，他把饮茶与"礼"结合，著《大观茶论》，使远古的国家祭祀之礼下沉为人们日常生活行为之礼。他在蔡襄《茶录》的基础上设计了一个新的与民同乐的饮茶系统，并以论著的方式表述出来。这些饮茶礼仪体现着"与民同乐"的思想，"与乌托邦式的圣王时代之间建立了直接的联系"[3]。《宋史·礼志》中保存了大量有关饮茶礼仪的记载，这在历代正史中亦属首次。

最后，徽宗出台了一系列法令规范人们的行为。徽宗在之前《茶法条

---

① 司马光. 资治通鉴. 影印文渊阁四库全书. 台北：台湾商务印书馆，1982.

② 李攸. 宋朝事实. 影印文渊阁四库全书. 台北：台湾商务印书馆，1982.

③ 崔瑞德，史乐民. 剑桥中国宋代史 上卷：907—1279 年. 宋燕鹏，等，译. 北京：中国社会科学出版社，2020.

贯》(已佚)、《本朝茶法》的基础上，编定了《大观更定茶法》(已佚)、
《大观七路茶法》(已佚)、《茶笼筛法》，从法律上规定茶叶的专卖政策（见
图 4-2）。

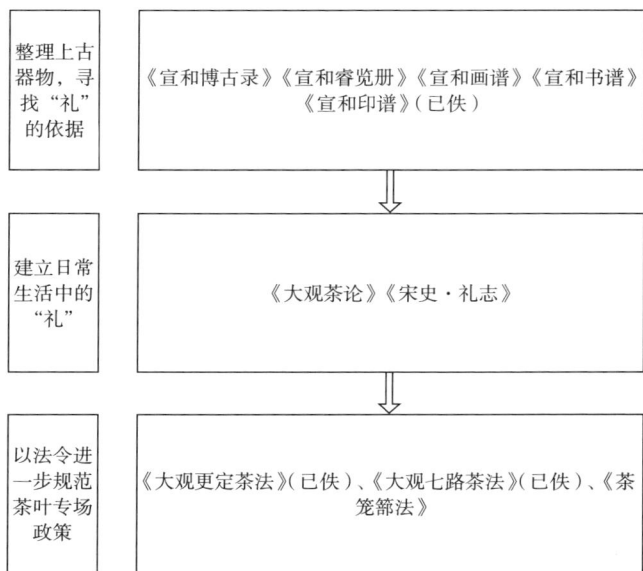

整理上古器物，寻找"礼"的依据	《宣和博古录》《宣和睿览册》《宣和画谱》《宣和书谱》《宣和印谱》(已佚)
建立日常生活中的"礼"	《大观茶论》《宋史·礼志》
以法令进一步规范茶叶专场政策	《大观更定茶法》(已佚)、《大观七路茶法》(已佚)、《茶笼筛法》

图 4-2　徽宗器以藏礼的茶器思想

1.《宣和博古图》：器以藏礼的理论依据

徽宗执政初期，为了恢复上古礼乐，鼓励创立一个新的朝礼系统。[1] 在
恢复上古礼乐的过程中，礼器是较为重要的一部分。他通过对古器物的归类、
整理，运用远古流传下来的经典文献证明"器以藏礼"的观点，并通过文本
的编纂和传播来宣传这一治国思想。

在徽宗主持编撰众多有关"器"的文本中，《宣和博古图》以"器以藏
礼"思想为依据。古器物是设计者的思想与信仰的物证。商周时期，青铜器

---

[1] 崔瑞德，史乐民. 剑桥中国宋代史 上卷：907—1279 年. 宋燕鹏，等，译. 北京：中国社会科学
出版社，2020.

不仅是皇权的象征，而且是朝廷向百姓传递规章制度的途径。徽宗通过对古器物造型、铭文的研究，证实"器"与"礼"的关系，进一步强调器物中所承载的"礼"的功能。

《宣和博古图》集合了吕大临《考古图》、李公麟《古器图》等内容，于政和三年（1113）始著，绍兴十三年（1143）成书，共录839件青铜器，其中包括宣和殿所藏彝鼎等古器物的图形、款识，我们可以据此推测最初制作此器的用途。《玉海》载：

> 刘敞得先秦古器十有一，模其文，图其象，为《先秦古器图》一卷，又为赞。元祐中，吕大临以所阅三代尊、彝、鼎之器，传摹图写，次为《考古图》十卷。李公麟为《古器图》一卷，又为序、赞。徽宗道兼三皇，万古之器并出，会于天府。品之多，五十有九，数之多，五百三十有七，舟车所贡，又百倍此。清燕之间，第其时物，绘其形制，识其名款，各有次第。凡礼之器，鼎为先，簠簋次之；乐之器，律为先，钟磬次之……政和二年七月己亥，置礼制局。三年六月庚申，因中丞王甫乞颁《宣和殿博古图》……十月十四日，手诏云：裒集三代盘匜罍鼎，稽考取法，以作郊庙烟祀之器，焕然大备。中兴书目：《博古图》三十卷。宣和殿所藏彝鼎古器，图其形，辨其款识，推原制器之意而订正同异。绍兴十三年二月二十七日，臣僚请颁《宣和博古图》于太常，俾礼官讨论厘正，改造祭器。[1]

《玉海》为宋人王应麟（1223—1296年）所作，表述内容可信度较高。他证实，在《宣和博古图》成书之前，刘敞（1019—1068年）首先表现出了对古器物的热爱，著《先秦古器图》，之后才有吕大临《考古图》、李公麟《古

---

①　王应麟. 玉海艺文校证. 南京：凤凰出版社，2013.

器图》。徽宗结合前人研究，着王黼（1079—1126 年）编撰《宣和博古图》。其中六次提到语出《易经》的"制器尚象"，即在描摹研究三代古器的基础上，以儒家的经典文本内容解释古人制器的原理，进而建立礼制局，将古器物中体现的礼仪标准化。与之相关的宇宙观影响到新式器物的铸造、祭坛的重设以及礼仪活动的举行。

2.《大观茶论》：器以藏礼的具体表现

《大观茶论》是徽宗"器以藏礼"思想的理论体现。他在总结蔡襄《茶录》基础上创立了一整套茶礼，还希望创立一套人们日常生活中的礼仪，并以实际行动践行这一思想。

徽宗认为北苑贡茶是天时、地利与人和的产物。"天子"自古就被认为是神在人间任命的统治者，具有顺应天命的合法性。因此，天时、地利、人和的产物被认为具有正统性与长久性。徽宗在中国传统的"天人观"思想上加入了"天人之理"的新观念，开始关注除"天理"之外"人"的内容，并将其应用于实际的饮茶过程中，以此为基础理论撰写了《大观茶论》（见图4-3）。在这一思想统领下，天与人是合为一体的。茶叶是顺应"天时"采摘并制作成饮品的，从采茶、制茶到饮茶、品饮、贮藏是一个整体。因此，他的这部著作将茶叶从本身生长环境到品饮贮藏联结成了一个整体。

徽宗不仅通过《大观茶论》阐述了他的茶器理论，而且将该理论直接落实到点茶品饮的程序中，通过点茶这一行为践行"器以藏礼"的思想。

在践行茶礼这件事上，徽宗不仅使饮茶符合天时地利，合乎传统思想的规范，而且加入了更多人伦之礼，使得饮茶行为更具可操作性和观赏性。他把用茶匙点茶

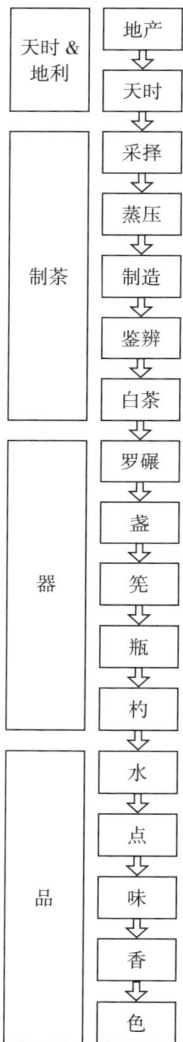

图 4-3　天人观思想下的《大观茶论》

改为茶筅，使小范围内的人可以共同品饮，这种行为更符合传统治国思想中"与民同乐"的观点。

在宋代的历史中，徽宗作为一位热爱古器、饮茶的皇帝，令人印象深刻。不过，他并非其家族中首位对古器和饮茶感兴趣的人。仁宗也有过类似的兴趣。仁宗着人编撰了《皇祐三馆古器图》《胡偯古器图》，[①] 并且对蔡襄研发的小团龙茶赞不绝口。在仁宗统治的年代，司马光在《书仪》中多次把茶器纳入祭祀礼仪中。

徽宗的饮茶仪礼以其可观赏、可品味的性质得到了宋代各阶层的普遍效仿。由此，饮茶的有关礼仪内容被首次大规模写在正史《宋史·礼志》中。在传统的吉、凶、军、宾、嘉五礼中，茶的内容涵盖了凶、军、宾、嘉四种。其中，嘉礼中有关茶的内容最多，主要涵盖皇帝赏赐、招待外使、君臣宴会等内容；凶礼的部分主要表现为祭祀礼仪的使用。

3. 茶法：器以藏礼的实施保障

徽宗在提倡饮茶之礼的同时，颁布了有关茶的法令。徽宗和蔡京的财政政策导致了国家对农业和商业经济的积极干预，政府从盐茶专卖政策中获得了巨额财富。崇宁元年（1102），蔡京对茶法进行了重大调整，推出了《长短引法》，由中央政府制造统一的茶引，从事茶叶贸易的商人需要获得政府许可，才能购买茶引。崇宁四年（1105），进一步推出了《买引法》，允许商人自由贸易，但是必须使用官方授权的茶引。政和二年（1112），蔡京进行了第三次茶法变革。这次改革对商人的收购、运输、销售等环节都进行了严格的管理，一个有条理、系统化的商业机制建立起来了。这种"以引榷茶"的制度模式一直沿用到南宋末年。

在传统史学中，蔡京的茶法变革被看作是国家商业剥削的工具，徽宗朝茶法制度代表了国家对商业制度规范性的干预。从当今的商品经济立场来看，

---

① 翟耆年. 籀史. 影印文渊阁四库全书. 台北：台湾商务印书馆，1982.

国家对商业的统一管理有助于市场运行的规范性，统一规格的茶笼也增加了商品的辨识度。

从复兴传统礼制角度看，徽宗朝的历史相对于传统史家的观点来说并没有那么不堪一提，蔡京通过对商业活动的干预创立了茶叶市场的监管体系，并使其渗入社会各阶层。徽宗组织研究古器物，目的是为自己的统治确定合法的依据，以饮茶与礼结合，使礼制深入人心。在徽宗执政的第二个十年中（大观、宣和年间），这种以礼治国思想得以充分展现。不论是复兴礼制还是改变新法，都是奉行了传统君主之道：为了成为一个圣君，用器以藏礼的思想巩固中央集权的制度，把道德思想扩展到整个社会，又通过相应的立法来维护这一制度，以此来实现国家的长治久安。

（四）蔡絛

"制器尚象"出自《周易·系辞传》，"易有圣人之道四焉：以言者尚其辞，以动者尚其变，以制器者尚其象，以卜筮者尚其占"[①]。晋代的韩康伯在这段话下面做了注释："此四者存乎器，象可得而用也。"可见，《周易》的主旨就是以象观器。《周易·系辞传下》有这样的解释：

> 古者包牺氏之王天下也，仰则观象于天，俯则观法于地，观鸟兽之文与地之宜，近取诸身，远取诸物，于是始作八卦，以通神明之德，以类万物之情。作结绳而为网罟，以田以渔，盖取诸《离》。庖牺氏没，神农氏作。斫木为耜，揉木为耒，耒耨之利，以教天下，盖取诸《益》。日中为市，致天下之民，聚天下之货，交易而退，各得其所，盖取诸《噬嗑》。神农氏没，黄帝、尧、舜氏作。通其变，使民不倦；神而化之，使民宜之。易，穷则变，变则通，通则久，是以自天佑之，吉无不利。黄

---

① 王弼. 周易注疏. 影印文渊阁四库全书. 台北：台湾商务印书馆，1982.

帝、尧、舜，垂衣裳而天下治，盖取诸《乾》《坤》。……是故易者，象也；象也者，像也。①

这段文字表明上古的人们通过观察世间万物的现象总结出八卦，将其用作与客观世界相联系的方式。《系辞传》认为，《周易》的主旨就是"象"，即"像"。上古的人们通过对客观规律"象"的观察了解，以"器"为中介，建立起了人与客观世界互相呼应的联系。

《系辞传》认为，拥有智慧的人能够理解万事万物深藏的奥秘，并用"象"来传达这一奥秘，"器"是"象"的表现形式。王弼首先把《周易》与《老子》思想结合起来，认为"得象而忘言""得意而忘象"②。此处的"意"即"道"。唐代孔颖达发展了这一理论。但自魏至唐，"制器尚象"作为一个词语鲜有使用，直至宋代才得到了广泛应用。

宋人陈希亮（1014—1077 年）写了《制器尚象论》，可惜原文已佚失。苏轼《陈公弼传》中有此书内容的简介："公善著书，尤长于《易》，有集十卷，《制器尚象论》十二篇，《辨钩隐图》五十四篇。"③吕祖谦（1137—1181 年）在《皇朝文鉴》中高度评价了陈希亮的这一理论："《制器尚象论》皆精绝，得人意外之妙，研玩累月，仅见阃域。"④由此可知，陈希亮《制器尚象论》的主要内容是对《周易》的解说。可以推测，他是把世间万物比作"器"，把客观规律比作"象"来解释《周易》的。此后，翟汝文《忠惠集》、苏象先《谭训》、郭印《云溪集》里都有与陈希亮类似的见解。

到了南宋，以朱熹为代表的理学体系建立起来，形成了以儒家思想为宗旨，重"象"而轻"器"的学术主流。但是，宋代另一股学术风尚悄然兴起，其同样以"制器尚象"作为理论基础，但开始关注"器"的内容，蔡絛便是

---

① 郑玄. 增补郑氏周易. 影印文渊阁四库全书. 台北：台湾商务印书馆，1982.
② 王弼. 周易注疏. 影印文渊阁四库全书. 台北：台湾商务印书馆，1982.
③ 苏轼. 东坡全集. 影印文渊阁四库全书. 台北：台湾商务印书馆，1982.
④ 吕祖谦. 皇朝文鉴. 北京：北京图书馆出版社，2005.

代表人物之一。蔡絛的出生年代晚于陈希亮，我们没有确切的证据证明他的
器物观受到了陈希亮《制器尚象论》的影响，但在他的《铁围山丛谈》中，
确有关于"制器尚象"的观点：

> 虞夏而降，制器尚象，著焉后世。繇汉武帝汾睢得宝鼎，因更其年
> 元。而宣帝又于扶风亦得鼎，款识曰："王命尸臣，官此栒邑。"别本并
> 作"物色"。及后和帝时，窦宪勒燕然还，有南单于者遗宪仲山甫古鼎，
> 有铭，而宪遂上之。凡此数者，咸见诸史记所彰灼者。殆魏晋六朝隋唐，
> 亦数数言获古鼎器。梁刘之遴好古爱奇，在荆州聚古器数十百种，又献
> 古器四种于东宫，皆金错字，然在上者初不大以为事，独国朝来浸乃珍
> 重，始则有刘原父侍读公为之倡，而成于欧阳文忠公。又从而和之，则
> 若伯父君谟、东坡数公云尔。初，原父号博雅，有盛名，襄时出守长安。
> 长安号多古簋、敦、镜、甗、尊、彝之属，因自著一书，号《先秦古器
> 记》。而文忠公喜集往古石刻，遂又著书名《集古录》，咸载原父所得古
> 器铭款。繇是学士大夫雅多好之。此风遂一煽矣。[①]

《铁围山丛谈》记述了一个很关键的事实：以古碑刻为起点，宋代朝廷及
文人、士大夫热衷于礼乐器物的收藏、整理和研究，他们关注除儒家思想所
崇尚的"象"以外"器"的内容，把之前人们认为离经叛道的器物上升到了
理论层面。蔡絛以"制器尚象"为论点，回溯了宋初兴起的这场器物研究的
热潮。其证实了这股热潮源于刘敞，继而受到欧阳修、蔡襄、苏轼等人的追
捧。这种把"物"作为艺术品来欣赏并不是个别现象，而是已经成为宋代朝
廷及文人、士大夫群体的共识。在这种共识影响下，从对古代碑刻的欣赏到
对古器物的研究，再到对当下器物审美造型的设计、器物使用方式以及礼仪
活动的顺序等不同领域，都有著作相继问世。

---

① 蔡絛. 铁围山丛谈. 北京：中国书店，2018.

二、僧人

在宋代，茶之于僧人更像是传播佛法的法器。由于品茗有助修止、调五事，使三昧易生，与佛法中的由定生慧不谋而合，因此受到佛教界人士的推崇。其中，最典型的是宋代天台宗的一些高僧。"茶禅一味"在宋代的天台宗已然成形，并形成及发展了罗汉供茶。由于天台同为日本与韩国天台宗及茶禅文化发源的祖庭，因此，从中、日、韩的文献中都可见宋时僧人以茶和茶器作为媒介弘道传法的轨迹。

宋代天台宗关注罗汉供茶，是因为从茶盏中出现的灵瑞图像可以显示佛法的强大。葛闳（1003—1072 年）在《罗汉阁煎茶应供》里写道："山泉飞出白云寒，来献灵芽秉烛看。俄顷有花过数百，三瓯如吸玉腴干。"[1] 其下有注：

> 阁上四座昼阴深邃处，即持火炬照之。是时有茶花数百瓯，或六出，或五出，而金丝徘徊覆面及苏盘金富无碍。三尊尽干，皆有饮痕。[2]

罗汉供茶即僧人以茶来供奉罗汉。僧人自己种茶、采茶、制茶、点茶、供茶，除以茶来帮助坐禅，更以茶来供佛。宋初仁宗曾下令用笼茶供奉罗汉。由于罗汉供茶出现的神迹，中国佛法发扬光大，流传海外。日本、韩国同时代的古籍中都有相关记载。供茶过程中茶盏所展现的灵瑞图案，更为佛事增添了一层神秘色彩。苏轼在《送南屏谦师》中写道："天台乳花世不见，玉川风腋今安有。"[3] 即说明当时天台宗僧人点茶技艺之高超已广为人知。

具体到每一位修行者来说，饮茶与茶器成了他们参悟的媒介。释惠洪在《石门文字禅》中多次提及茶与茶器；佛照德光把中国的茶器作为礼物赠给日本人，成为佛法东传的物证。

---

① 　陆心源. 宋诗纪事补遗. 太原：山西古籍出版社，1997.
② 　陆心源. 宋诗纪事补遗. 太原：山西古籍出版社，1997.
③ 　苏轼. 苏诗补注. 查慎行，补注. 影印文渊阁四库全书. 台北：台湾商务印书馆，1982.

（一）德洪觉范：以茶论佛

释惠洪生于宋神宗熙宁年间筠州新昌县（今江西宜丰），[1] 自幼博闻强识，在受到儒家思想教育的同时，对佛教思想也抱有极大的兴趣。14 岁时，父母相继离世。据《寂音自序》载，惠洪一生共入狱四次，"出九死而仅生"。他一生交友广泛，朋友中有达官贵人也有市井小民。他有大量著作存世：

> 《僧宝正续传》卷二著录《林间录》二卷、《僧宝传》三十卷、《高僧传》十二卷、《智证传》十卷、《志林》十卷、《冷斋夜话》十卷、《天厨禁脔》一卷、《石门文字禅》三十卷、《语录偈颂》一编、《法华合论》七卷、《楞严尊顶义》十卷、《圆觉皆证义》二卷、《金刚法源论》一卷、《起信论解义》二卷。[2]

释惠洪认为衣、食、住、行无不体现禅学，倡导以茶事论佛事。他的著作中最被人津津乐道的是《石门文字禅》。此书为释惠洪的诗文集，凡三十卷。今传世之《石门文字禅》是其门人觉慈在释惠洪圆寂后编录的。此书多次提及茶与茶器，表 4-2 为《石门文字禅》中茶器相关语料。

由表 4-2 可见，释惠洪对茶与茶器并不像蔡襄一样，一定要用指定的茶器、使用指定的流程品饮上好的建茶。在《石门文字禅》有关茶的语料中，"茶"出现的次数最多。这里"茶"并不像《茶录》中专指建茶，而是与烹茶、煮茶、点茶、粥鱼茶饭、雨前茶、会茶、双井茶、山茶、试茶联系在一起。似乎"茶"本身是无色无味的，茶与人的行为、时间、品类、举止、其他事物结合在一起才有了不同的状态；书中与茶相关的茶器不仅没有特定的产地、特定的材质，而且也没有特定的用途。笼、砧、杓的出现就与茶无关。

---

[1] 新昌县于北宋太平兴国六年（981）置，属筠州。治所即今江西宜丰县，后属瑞州。元升为新昌州。明洪武初复为县，属瑞州府。1914 年改为宜丰县。

[2] 傅璇琮，张剑. 宋才子传笺证：北宋后期卷. 沈阳：辽海出版社，2011.

"瓶"出现了27次，只有一句与茶相关——"活火银瓶暗浪翻"。这句完全符合《茶录》中的饮茶标准：要用银瓶煮水直到水开。但书中也有琉璃瓶、铜瓶、金瓶、玉瓶等，在使用方式上，也不全用来饮茶。

表 4-2 《石门文字禅》中茶器相关语料

语料	次数	语境
茶	55	烹茶、煮茶、点茶、粥鱼茶饭、雨前茶、会茶、双井茶、山茶、试茶
碾	6	碾玉尘、碾声、碾茶
盏	8	椀盏、烘盏、一盏
筅	1	停筅
焙	5	官焙、焙新香
笼	12	（语境与茶无关）
砧	1	（语境与茶无关）
匙	0	——
杓	2	（语境与茶无关）
瓶	27	活火银瓶暗浪翻、注瓶、沙瓶、琉璃瓶、铜瓶、金瓶、玉瓶、宝瓶

综上，茶对于释惠洪来说只是弘法扬道的法器之一。"茶"像佛法一样，本身并无象，但它与不同的情境组合又可以是各种象。

（二）佛照德光：以茶弘法

佛照德光是南宋时期的禅师，俗姓彭，名德光，自号拙庵。为大慧宗杲禅师的得意弟子。他弘法享誉海内外。日本著名的马蝗绊青瓷碗就是他与东瀛人交流的见证。

宋代有关佛照德光的文献大多只记载了他的出生、事迹、语录、交流，几乎没有与茶器相关的内容。但是，日本的文献《绍述先生文集》中《马蝗绊茶瓯记》以及流传至今仍具有传奇色彩的马蝗绊青瓷碗记录了南宋时期东瀛人到中国寻求佛法，并将佛照禅师赠送的青瓷碗带回日本，几经易手流传至今的故事（见图 4-4）。以下是《马蝗绊茶瓯记》全文：

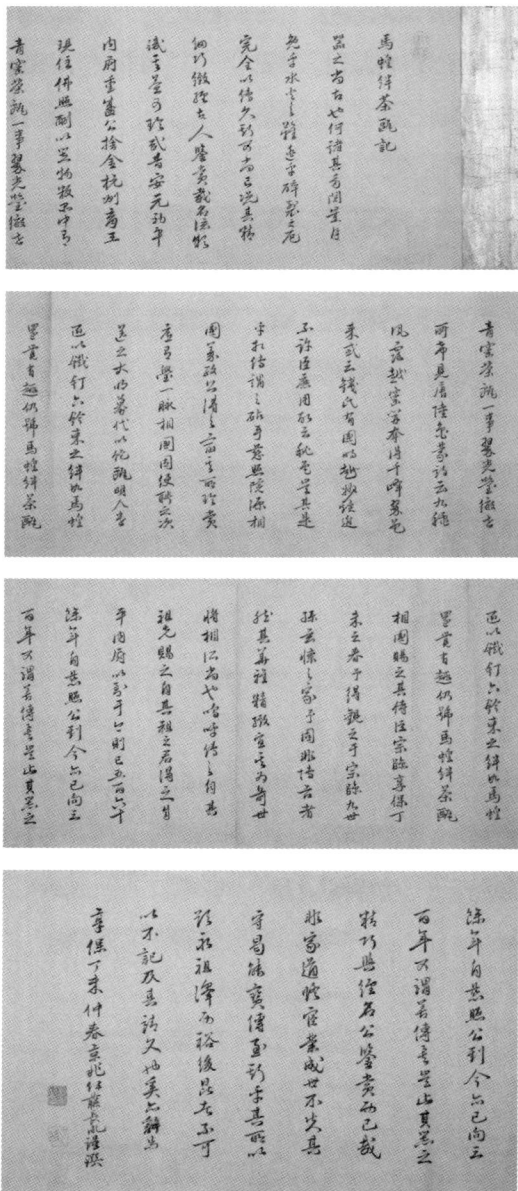

图 4-4　东京国立博物馆藏《马蝗绊茶瓯记》

　　器之尚古也何诸？其多阅岁月，免乎水火之难，逃乎碎裂之厄，完全以传久，斯可尚已。况其精细巧致，经古人鉴赏，载名流款识，岂益可珍哉！昔安元初，平内府重盛公舍金杭州育王，现住佛照酬以器物数品，中有青窑茶瓯一事。翠光莹彻，世所希见。唐陆龟蒙诗云："九秋风露越窑开，夺得千峰翠色来。"或云："钱氏有国时，越州烧进，不许臣庶用，故云秘色。"岂其是乎！相传谓之砧手。慈照院源相国义政公得之，最其所珍赏。底有璺一脉。相国因使聘之次，送之大明，募代以他瓯。明人遣匠以铁钉六钤束之，绊如马蝗。还觉有趣，仍号马蝗绊茶瓯。相国赐之其侍臣宗临。享保丁未之春，予得观之于宗临九世孙玄怀之家。予固非博古者，然其华雅精致，宜其为前世将相所尚也。呜呼！传之自其祖先，赐之自其祖之君，得之自平内府，以到于今则已五百六十余年，自慈照公到今亦已向三百年，可谓善传矣，岂止其器之精巧与经名公鉴赏而已哉！非家道修、宦业成、世不失其守，曷能宝传至斯乎？其所以欲永祖泽而裕后昆者，不可以不记。及其请文也，奚无辞焉。享保丁未仲春，京兆伊藤长胤谨撰。①

　　越窑诞生于魏晋，兴盛于唐代，窑址位于现浙江宁波慈溪上林湖一带。其釉层较薄，胎为香灰色。此文所述器物为南宋时期浙江龙泉窑产品，其釉层发色主要依靠龙泉本地含铁量较高的紫金土，釉层比唐代上林湖窑口厚。有时，为了使釉层更厚，会进行二次或者三次以上施釉。龙泉小梅窑出土的釉片中，甚至会有七层釉层的痕迹。作者伊藤东涯对中国的青瓷有一定了解却不确切。但是，此文详细记载了这件器物的来历、东瀛人与南宋僧人的交流，以及此器到日本后的流转。从这里可以判断出三点。其一，龙泉窑的茶瓯被当作礼物流传到日本后，受到了极大的珍视。文中说到，古代的瓷器能够躲过水火和碎裂的灾难是难能可贵的，更何况（这件器物）工艺精巧，又

---

① 　伊藤东涯. 绍述先生文集. 宝历十一年（1761）文泉堂刊本.

经过名人鉴赏。这件器物最初是平重盛遣使到中国，佛照禅师赠送给他的礼品之一。相传这件器物到了源义政手中的时候，碗底有一道冲线。于是他遣使到中国时，让使者捎带着换一件同样的茶瓯。但那时已是明代，制作不出同样的器物了。于是就找了当时的匠人在碗底做了焗钉。2020 年，浙江省博物馆举办了"天下龙泉"展，其中就有这件伊藤东涯所说的马蝗绊茶瓯（见图 4-5）。

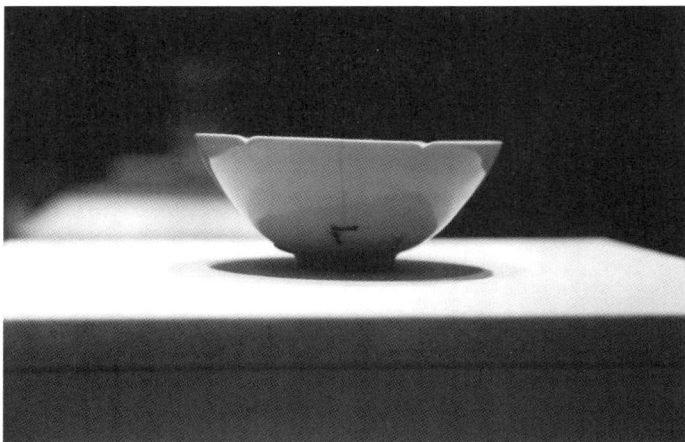

图 4-5　马蝗绊龙泉青釉花口碗

其二，根据此文记载，可以证实南宋时建盏不再是社会欣赏的主流，取而代之的是龙泉青瓷。因为根据建窑窑口实地考察结果看，建盏在南宋逐渐走向衰落，很多窑口不再单一生产建盏，产品的种类和釉色也逐渐丰富。

其三，我们可以进一步推测，现藏于日本的三件曜变天目盏是宋代中日交流的见证。日本江户时代文献《因是文稿》中的《陶说序》印证了这一猜测：

粗知诸窑品目、诸器原委，易不使我邦赏鉴之徒读之，赏鉴之徒不必读书，故所传汉器名号不无误讹，如建安兔毫盏讹窑变为曜变。天目，

山名，在杭州临安县，不与建安相涉，为盏之通称亦妄也。且天目山未
闻有窑，其称天目，未审何据。[①]

江户时代开始于中国的明代晚期，《陶说序》对当时日本人针对宋代茶盏
的传言做了纠正，说明这种茶盏在明代之前就已经传到日本，并且受到广泛
认可。文中认为曜变为窑变之误传，说杭州天目山没有窑口，均是不准确的。
因为现在曜变天目已经成为日本对这种建盏的官方称法。20 世纪 80 年代，杭
州考古文物工作者在临安天目山地区发现了宋元时期的瓷器碎片，证实了此
地有古窑址；2009 年，在杭州上城区原杭州东南化工厂遗址出土的曜变天目
盏碎片也侧面说明了南宋时期的浙江天目山地区很可能有窑址，并且生产这
种曜变天目盏。

天目山位于现杭州西北临安境内，是集儒、佛、道等文化于一体的名山。
天目山佛教兴起于东晋，宋代的时候，很多东瀛僧人漂洋过海寻求佛法，这
种天目盏或许当时就是作为信物流传到日本的。

三、民间文人

南宋时期，政府认为建茶以及建窑的生产耗费了太多人力、物力和土地，
因此，不再大力提倡北苑贡茶的生产。与之相应的，建窑产品也逐渐没落下
来。但是，徽宗的以礼治国思想渗透到民间，成为人们追逐风雅的风向标。
徽宗时代的点茶在南宋演化成了茶百戏与斗茶。

南宋时期以朱熹为代表的理学思想逐渐形成一种与北宋相对应的自下而
上的器物论，进而转变成社会的主流思想。《家礼》中冠、昏（婚）、丧、祭
等仪式上都有茶器出现，其中很多礼仪是参照司马光《书仪》编写的。自上
而下的研究路线崇尚研究从被称为"国之重器"的商周时代青铜器到生活

---

① 葛西因是. 因是文稿. 竹中邦香. 天香楼丛书：卷一. 东京：崇文院，1882.

中饮茶所使用的器物；自下而上的研究路线是探索从人们生活中的冠、昏（婚）、丧、祭各仪式和各环节使用的器物来规范人们的行为。这一规范对象是对北宋礼仪的呼应，只不过更加亲民与市井。南宋时期像北宋那样喝精致的茶的情形明显少了很多，依然有人对徽宗时期的饮茶方式表示由衷的欣赏，但又怕被人认为"玩物丧志"，因此以笔名用不无戏谑的口吻暗示茶礼的存在。这一类的代表人物就是《茶具图赞》的作者审安老人。

审安老人实为化名，生平亦无可考。以审安老人署名的《茶具图赞》成书于1269年。关于《茶具图赞》的作者，学界有两种说法。其一，《茶具图赞》有两个版本，其作者分别是审安老人和茅一相。《铁琴铜剑楼藏书目录》载：

> 《茶具图赞》一卷，旧钞本。不著撰人。目录后一行题"咸淳己巳五月夏至后五日审安老人书"……明胡文焕刻入《格致丛书》者，乃明茅一相作，别一书也。①

这是说《茶具图赞》有两个版本。一是宋代审安老人撰写的，二是明代茅一相撰写的。参看著作原文，不难得知，其作者只有一位，是审安老人。因为虽然《格致丛书》版《茶具图赞》的序中有"乃书此以博十二先生一鼓掌云"字样，好似此书出自茅一相的笔下。但书后依然保留"咸淳己巳五月夏至后五日审安老人书"，由此可知此书即审安老人所著。

其二，认为此书作者为董真卿。徐海荣在《中国茶事大典》中根据宋末遗民多以室号自况，断言审安老人是董真卿：

> 今考陈乃乾《室名别号索引》第九十八页云：元代鄱阳董真卿书斋名"审安书室"。真卿乃董鼎子，受学于胡一桂，著有《周易会通》十四

---

① 瞿镛. 铁琴铜剑楼藏书目录. 北京：中华书局，2006.

卷。宋末遗民，多以室号自况，董真卿为宋元之际人。[①]

董真卿生卒不详，《宋元学案》中说董真卿字季真，鄱阳人，曾经于双湖先生门下学习。双湖先生，即胡一桂。据考证，宋景定五年（1264）胡一桂时年十八。《茶具图赞》成书于 1269 年。此时胡一桂年 23。董真卿既然师从胡一桂，年龄必然小于胡一桂。《茶具图赞》作者自称审安老人，一般来说，一个年轻人是不会自称"老人"的。再者，书中引经据典，信手拈来。作者必定对茶器的使用及流程了如指掌，并且对经典文献广泛阅读、透彻理解后才能写出这样的著作。如果说经典文献这一要求青年人可以达到的话，那对饮茶的了解却需要阅历的积累。综上，此书作者是否真为董真卿尚值得商榷。

《茶具图赞》以茶器串联出整个点茶过程。以器拟人，赋以官职、名号。与朝礼相结合，使茶具具有特定的职位属性，并赞以德行。

虽然《茶具图赞》没有明确说明茶器的使用方式和顺序，但按照其排列顺序和赞语内容看，基本沿用蔡襄与徽宗的饮茶方式，遵循藏茶—碾茶—罗茶—饮茶—清洁这一顺序，给各茶器取录名、字、别名、号。从具体的茶器看，虽然《茶具图赞》中也有茶杓，但其材质与蔡襄所述不同，是葫芦制作的，不能起到点茶的功用，而是舀水用的。点茶的器物使用的是徽宗倡导的茶筅。另外，茶帚和茶巾是蔡襄、徽宗茶书中没有提及的。

《茶具图赞》以绘图的形式表述茶器造型样式，丰富了宋代古器物学的研究方法。另外，图像比对，可以使学者对研究对象构建起连续性的演化轨迹。他极具用心地推敲茶具的名、字、号与官职的名称，使器物的使用与官职的职权达到巧妙的呼应关系，进而通过官职对茶器的隐喻显示出"茶礼"的思想，体现徽宗以礼治国方针在民间的回响。

---

① 徐海荣. 中国茶事大典. 北京：华夏出版社，2000.

根据以上研究，本书认为，宋代的茶器思想主要是自上而下的。蔡襄创立了茶器的审美标准并得到了仁宗、徽宗的认可继而普及到文人、士大夫群体。徽宗的器以藏礼思想虽然在南宋时被统治者全盘否定，但是在民间得到了广泛的传播。审安老人的《茶具图赞》证明了这一点。

宋代的民间文人起到了普及茶器思想的作用。审安老人以不无戏谑的口吻为茶器的样式和使用做了说明。此外，话本的普及使我们了解到南宋饮茶除了茶礼，还包括了表演的成分，茶器成为表演过程中的道具。

宋代的僧人扮演了弘扬茶道文化、传播宋代茶器审美思想的角色。宋代天台宗有大量记载罗汉供茶出现大量灵瑞图像的文字。他们会用茶器来讲佛教的禅机，甚至会把茶器当作藏品而不是一件实用的器物。很多日本人会漂洋过海到我国寻求佛法，宋时僧人会将其时的茶盏作为信物赠送给他们。

总的说来，"器"在宋代不再被看作形而下的、羞于提及的事物，茶器在宋代受到了自上而下社会各阶层的重视，或是当作一件可以独立欣赏的器物，或是作为法器，或是作为道具，或是以"器"说"道"，都把茶器放到了极其重要的位置。

第五章
宋代茶器的设计理念与制作思想

　　自宋以降，文化空前繁荣，交通发达，经济昌盛。在这之后，文人、士大夫把前朝认为离经叛道的玩好之物上升到了理论层面，认为"器"不仅能够呈现美感，而且可以显现生命之"迹"。虽然制作器物的匠人在历史的长河中大多被遗忘，但器物所传达出的精神气韵和礼制思想却依然清晰地呈现在我们面前。

　　与前朝相反，宋代学者开始关注考古学。更具体地说，他们开始研究器物学。北宋士大夫阶层赋予古器物、书画等物品历史价值和文化意义，并且重塑了皇室文化传承的权威。[①] 他们不但对这些玩好之物有极大的兴趣，[②] 而且著书立说，把这些兴趣上升到了理论高度。[③] 此外，器物学领域的创新很大程度上是通过对古籍以及传世器物的解读来实现的。

　　蔡襄不但以"茶"为主题撰写著作，而且倡导了一种有别于前朝的茶器思想并受到时人的广泛认可。到了徽宗朝，文人、士大夫对物的欣赏不再表现出遮遮掩掩的态度，而是设法从更古老的文本中寻找欣赏器物的依据，"提

---

① 李方红. 宋徽宗绘画研究的历史与方法——兼论跨学科研究中的艺术史. 美术观察，2021（1）：56-61.
② 杨晓山. 私人领域的变形：唐宋诗歌中的园林与玩好. 文韬，译. 江苏：江苏人民出版社，2009.
③ 崔瑞德，史乐民. 剑桥中国宋代史 上卷：907—1279 年. 宋燕鹏，等，译. 北京：中国社会科学出版社，2020.

示以欧洲标准无法衡量的世界的存在，并且在把世界作为一个整体对象化的时候，包含这些无法被欧洲标准所完整包容的世界"①。这一思想在当今的我们看来是理所当然的，当代学者大多倾向于以这种器物论的思想来解释中国传统设计，如练春海的《制器尚象：中国古代器物文化研究》。但对于前现代的学者来说，这是一个巨大的概念飞跃。

在中国，器物以及设计领域的发展通常都归功于19世纪后期工业革命的影响。并且在中国传统历史的书写中，王朝的灭亡往往归咎于统治者及朝廷的衰败和瓦解，因此，有关徽宗的原始资料在编纂中一直被修订，正史决定了对徽宗的既有看法以及文献记录的书写过程。徽宗倡导的对茶器的研究自南宋开始就处于被否定的状态。然而，不可否认，北宋中期到徽宗朝所创造的茶器至今无法超越。蔡襄倡导的茶器审美深入人心，宋人已不吝于隐藏自己对茶器的喜爱，甚至把茶器当作一件独立的藏品来欣赏。

宋代的茶器设计理念形成了礼器—使用—欣赏的思维路径，使得欣赏器物不再被认为是"玩物丧志"。简单地说，宋代茶器设计理念是由蔡襄建立、徽宗发展至南宋，并流传到民间的。

根据相关古籍，宋代饮茶程序中从茶模到罗碾部分的茶器体现了从作为制药的器物到作为制茶的器物的功能转化，从文献的角度证明了"药食同源"；《茶录》《茶笼箍法》等文献中对茶器造型规格的详细界定又体现了礼制的物化。由此，宋代茶器以"药食同源＋礼制的物化"为制作思想。

一、宋代古籍中的茶器设计理念

（一）制器尚象论

宋代之前，有关器物学的理论鲜少有学者提及，这主要是由于传统儒家

---

① 沟口雄三，小岛毅. 中国的思维世界. 孙歌，等，译. 南京：江苏人民出版社，2006.

思想中"玩物丧志""君子不器"等思想的影响。与此不同，北宋早期的学者找到了另一种从"器"的角度解读《周易·系辞传》的方法，虽然今天鲜为人知，但它对宋代器物论思想的产生确有显著影响。

北宋晚期历史的叙述不可避免地受目的论所影响。后来的历史学家靠着后见之明把徽宗时代描绘为一个必然衰落和灭亡的时期，[①] 这种态度必然导致对北宋末期所做一切政策的否定。到今天为止，只有少数学者，如崔瑞德正视徽宗以恢复中国传统礼制的方式复兴国家的努力。他从一个崭新的角度重新审视了徽宗在器物学方面的贡献，为往后几个世纪器物学在多个学科的应用奠定了基础。事实上，后世中国家居、饰品、饮茶、考古、篆刻、技术、工艺美术、军工、礼仪等著作中都有宋代器物论思想的影子。即使是21世纪，这也有助于后世的中国人解读传统艺术，或是以此为基础，建立有别于西方的当代中国器物论。

（二）"礼制"的下沉

宋代的中国是一个重视"文治"的时期，试图以恢复传统礼仪的方式保证国家的长治久安。在这一工作中，礼器是重要的一部分。宋代的器物学研究是伴随着对上古礼乐制度的恢复、礼器造型样式的研究以及儒家经典文本中语义的转换建立起来的。但是，这些在元代《宋史》的编撰中被刻意忽略了。中国的学术思想多出于史官。[②] 因此在整个宋代，是什么构成了宋人研究器物的动机与认知，宋人为什么对传统器物的造型样式倾注极大的精力[③]并没有在官修文本中得到呈现。一些学者认为，宋代的器物论思想不同于前朝的地方在于偏于赏鉴，笃于好古，耻于求新，[④] 其他学者试图通过古籍中保存的

① 崔瑞德，史乐民. 剑桥中国宋代史 上卷：907—1279 年. 宋燕鹏，等，译. 北京：中国社会科学出版社，2020.
② 刘师培. 古学出于史官论. 刘师培辛亥前文选. 北京：生活·读书·新知三联书店，1998.
③ 欧阳修在《集古录》里表明他搜集古代碑刻的确切时间，并自觉地坚持不懈地持续了近 20 年。实物积累已堪称庞大，仍不满足。
④ 刘师培. 古学出于史官论. 刘师培辛亥前文选. 北京：生活·读书·新知三联书店，1998.

礼乐制度来理解宋代重视器物的初衷。

通过对传统器物的整理研究，宋代的学者进一步证明了传统器物与礼法观念密不可分。北宋时期改制立法是参照夏商周时期的礼制，以搜集整理研究三代古器为表象，尊重传统礼法，把《周易·系辞传》中"制器尚象"这一哲学命题转变为器物论的主体思想，教化人民通过对器物的了解与认知通晓礼法，建立以"礼"为基础的社会秩序。

徽宗研究三代古器的最初目的，就是希望人们能够基于器物的造型、器物上的文字遵守做事的准则，各尽本分、各司其职，社会得以正常有序地发展。这是宋代"文治"的主要体现之一。但只研究古器物似乎对现实生活并没有影响，于是徽宗以"茶"为载体，修改蔡襄《茶录》中采茶、饮茶、藏焙的顺序及击拂时使用的茶器，体现了传统儒家天人合一、与民同乐的思想。徽宗的这一修改使饮茶更具表演性，对后世茶道颇有影响。虽然南宋的统治者全盘否定了徽宗的茶器思想，但是他的茶器思想却在民间流传了下来。《茶具图赞》即可为证。

所以，从研究承载着国家祭祀功能的礼器到规定严格的饮茶程序的茶器再到南宋的《茶具图赞》，体现了宋代礼制思想的下沉。

（三）等观论

等观思想是由苏轼提出的。他在认同蔡襄所倡导的茶器审美的同时，也提倡茶与墨、茶与道、茶与人要等量齐观。苏轼追求器物时有一种矛盾的心理：既愿意欣赏器物又对这种对器物的迷恋持否定态度。"等观"正是他的折中方式，它打破了人与物、人与人之间的界线。例如，他在《书茶墨相反》《书墨》《记温公论茶墨》中表达了茶墨等观的思想；他在《送南屏谦师》中表达了茶道等观的思想；他在《荔枝叹》中表现出了阶级等观的思想。其中，《送南屏谦师》巧妙地把佛教的三昧论与点茶时的动作联系在一起，暗示制茶或点茶的技巧与对"道"的掌握密不可分。

苏轼的这种思想接近于艺术家对潜在真理的理解。他的描述表明了艺术家和世界之间的深刻结合。在苏轼看来，茶与墨、茶与人、茶与道是一体的。苏轼的等观思想在宋代的僧人之间引起了共鸣并演变成禅茶一味的思想。德洪觉范把饮茶与修禅联系在一起，用诗歌的方式表述其禅修思想；佛照德光则把宋代的茶碗赠送给前来参佛的东洋人，其成为佛法东传的见证。

二、宋代古籍中的茶器制作思想

（一）"用"与"美"的统一

《茶录》中的制器思想体现了"实用"与"鉴赏"的统一，这在本书第四章已有论述。蔡襄的这一思想得到了宋代学者的认同。《大观茶论》里有对茶器材质、审美的论述；《宣和北苑贡茶录》是对茶模材质、造型的论述；《茶具图赞》用绘画和不无戏谑的口吻较直观地展示了茶器的造型样式、材质。宋代诗文、笔记中也多有关于茶器使用和审美方面的论述。

（二）规格与形制的统一

对于茶器的规格与形制，《茶录》和《大观茶论》里都有论述。由于饮茶方式的不同，宋代茶书中所述茶器与唐代陆羽《茶经》的茶器造型和使用方式都有区别。《茶笼篰法》以法律的形式对茶笼做了严格的规定。

本书从以器观人和以人看器两个角度论述宋代古籍中的茶器，并得出结论，茶器发源于唐，盛行于宋。宋代饮茶形成了一整套程序，这一程序被北宋的统治者用来传达"器以藏礼"的思想。从《茶具图赞》及宋代民间瓦舍茶肆间普遍出现的"茶博士"来看，这种传达无疑是成功的。

随着古籍资料数字化的整理和完善，我们对茶器的发展和演变规律的了解也逐渐深入。通过大规模的语料查找和研究，我们不但对传统文献中茶器相关语料有了更整体全面的认识，在个别之处还补足了传世器物中缺失茶器的造型样式。

参考文献

艾朗诺. 美的焦虑：北宋士大夫的审美思想与追求. 杜斐然，刘鹏，潘玉涛，译. 上海：上海古籍出版社，2013.

蔡絛. 铁围山丛谈. 北京：中国书店，2018.

蔡襄. 端明集. 影印文渊阁四库全书. 台北：台湾商务印书馆，1982.

曹学佺. 蜀中广记. 影印文渊阁四库全书. 台北：台湾商务印书馆，1982.

曾几. 茶山集. 影印文渊阁四库全书. 台北：台湾商务印书馆，1982.

晁贯之. 墨经. 影印文渊阁四库全书. 台北：台湾商务印书馆，1982.

陈桱. 通鉴续编. 影印文渊阁四库全书. 台北：台湾商务印书馆，2008.

陈乐素. 宋史艺文志考证. 广州：广东人民出版社，2002.

陈俏巧. 从宋代茶具看当时的社会风尚. 浙江树人大学学报（人文社会科学版），2006（6）：132-135.

程大昌. 演繁露. 影印文渊阁四库全书. 台北：台湾商务印书馆，1982.

程毅中. 宋元小说家话本集. 北京：人民文学出版社，2016.

崔瑞德，史乐民. 剑桥中国宋代史 上卷：907—1279 年. 宋燕鹏，等，译. 北京：中国社会科学出版社，2020.

翟耆年. 籀史. 影印文渊阁四库全书. 台北：台湾商务印书馆，1982.

傅璇琮，倪其心，孙钦善，等. 全宋诗. 北京：北京大学出版社，1998.

傅璇琮，张剑. 宋才子传笺证：北宋后期卷. 沈阳：辽海出版社，2011.

高承. 事物纪原. 影印文渊阁四库全书. 台北：台湾商务印书馆，1982.

高纪洋. 形而下：中国古代器皿造型样式研究. 济南：山东美术出版社，2014.

葛西因是. 因是文稿. 竹中邦香. 天香楼丛书：卷一. 东京：崇文院，1882.

沟口雄三，小岛毅. 中国的思维世界. 孙歌，等，译. 南京：江苏人民出版社，2006.

故宫博物院古陶瓷研究中心. 故宫博物院八十五华诞宋代官窑及官窑制度国际学术研讨会论文集. 北京：故宫出版社，2012.

顾宏义. 茶录（外十种）. 上海：上海书店出版社，2015.

顾野王. 玉篇. 上海：中华书局，1934.

关剑平. 茶筅的起源. 农业考古，1997（4）：193-194.

郭祥正. 青山续集. 影印文渊阁四库全书. 台北：台湾商务印书馆，1982.

韩驹. 陵阳集. 影印文渊阁四库全书. 台北：台湾商务印书馆，1982.

贺复征. 文章辨体汇选. 影印文渊阁四库全书. 台北：台湾商务印书馆，1982.

黑川雅之. 日本的八个审美意识. 王超鹰，张迎星，译. 北京：中信出版集团，2018.

胡平生. 礼记. 张萌，译注. 北京：中华书局，2017.

胡舜陟. 胡少师总集. 续修四库全书. 上海：上海古籍出版社，2002.

黄庭坚. 山谷词. 影印文渊阁四库全书. 台北：台湾商务印书馆，1982.

贾谊. 新书校注. 阎振益，钟夏，校注. 北京：中华书局，2020.

来知德. 周易集注. 影印文渊阁四库全书. 台北：台湾商务印书馆，1986.

黎在珣. 佛教平等观的和合价值. 第九届寒山寺文化论坛论文集（2015）. 苏州：苏州市寒山寺，2015.

李方红. 宋徽宗绘画研究的历史与方法——兼论跨学科研究中的艺术史.

美术观察，2021（1）：56-61.

李诫. 营造法式. 影印文渊阁四库全书. 台北：台湾商务印书馆，1982.

李匡乂. 资暇集. 影印文渊阁四库全书. 台北：台湾商务印书馆，1982.

李萍. 论荣西《喫茶养生记》的意象. 农业考古，2019（2）：216-221.

李尾咕. 北苑贡茶盛行于宋代的成因探考. 农业考古，2014（5）：253-257.

李尾咕. 宋代建安茶文化与日本茶道. 九江职业技术学院学报，2007（2）：88-90，85.

李溪. 内外之间：屏风意义的唐宋转型. 北京：北京大学出版社，2014.

李轶南. 宋代造物文化图景——读《两宋物质文化引论》有感. 美术之友，2008（3）：20-21.

李攸. 宋朝事实. 影印文渊阁四库全书. 台北：台湾商务印书馆，1982.

李廌. 济南集. 影印文渊阁四库全书. 台北：台湾商务印书馆，1984.

厉鹗. 宋诗纪事. 影印文渊阁四库全书. 台北：台湾商务印书馆，1982.

廖宝秀. 宋代吃茶法与茶器之研究. 台北：台北故宫博物院，1996.

林欢. 宋代古器物学笔记材料辑录. 上海：上海人民出版社，2013.

林兆珂. 考工记述注. 四库全书存目丛书. 济南：齐鲁书社，1997.

刘明，甄珍. 《宣和博古图录》版本考略. 图书馆理论与实践，2012（5）：55-59.

刘师培. 古学出于史官论. 刘师培辛亥前文选. 北京：生活·读书·新知三联书店，1998.

刘子健. 中国转向内在：两宋之际的文化内向. 赵冬梅，译. 南京：江苏人民出版社，2002.

陆廷灿. 续茶经. 影印文渊阁四库全书. 台北：台湾商务印书馆，1982.

陆心源. 宋诗纪事补遗. 太原：山西古籍出版社，1997.

陆游. 剑南诗稿. 影印文渊阁四库全书. 台北：台湾商务印书馆，1982.

罗素. 西方哲学史. 北京：商务印书馆，2008.

吕祖谦. 皇朝文鉴. 北京：北京图书馆出版社，2005.

马端临. 文献通考. 影印文渊阁四库全书. 台北：台湾商务印书馆，1982.

马守仁. 唐宋时期禅宗寺院茶汤煎点礼仪. 农业考古，2017（2）：152-159.

马亦超. 南宋杭州修内司官窑研究. 杭州：中国美术学院出版社，2006.

毛滂. 东堂集. 影印文渊阁四库全书. 台北：台湾商务印书馆，1982.

梅尧臣. 宛陵集. 影印文渊阁四库全书. 台北：台湾商务印书馆，1984.

欧阳修. 归田录. 影印文渊阁四库全书. 台北：台湾商务印书馆，1982.

彭乘. 墨客挥犀. 影印文渊阁四库全书. 台北：台湾商务印书馆，1982.

祁庆富.《宣和奉使高丽图经》版本源流考. 社会科学战线，1996（3）：229-234.

裘纪平. 中国茶画. 杭州：浙江摄影出版社，2014.

瞿镛. 铁琴铜剑楼藏书目录. 北京：中华书局，2006.

阮阅. 诗话总龟后集. 周本淳，校点. 北京：人民文学出版社，1987.

沈辰垣，等. 御选历代诗余. 影印文渊阁四库全书. 台北：台湾商务印书馆，1982.

沈冬梅. 茶的极致：宋代点茶文化. 上海：上海交通大学出版社，2023.

沈冬梅. 茶与宋代社会生活. 北京：中国社会科学出版社，2007.

沈冬梅. 陆羽《茶经》的历史影响与意义. 形象史学研究，2012（1）：75-92.

沈冬梅. 宋代浙江佛寺与名茶. 浙江树人大学学报（人文社会科学版），2011，11（1）：66-70.

释惠洪. 石门文字禅. 影印文渊阁四库全书. 台北：台湾商务印书馆，1982.

司马光. 书仪. 影印文渊阁四库全书. 台北：台湾商务印书馆，1982.

司马光. 涑水记闻. 影印文渊阁四库全书. 台北：台湾商务印书馆，1982.

司马光. 资治通鉴. 影印文渊阁四库全书. 台北：台湾商务印书馆，1982.

苏轼. 超然台记. 苏轼文集. 上海：中华书局，2004.

苏轼. 仇池笔记. 影印文渊阁四库全书. 台北：台湾商务印书馆，1982.

苏轼. 东坡全集. 影印文渊阁四库全书. 台北：台湾商务印书馆，1982.

苏轼. 东坡诗集注. 影印文渊阁四库全书. 台北：台湾商务印书馆，1982.

苏轼. 书黄道辅品茶要录后. 苏轼文集. 上海：中华书局，2004.

苏轼. 苏诗补注. 查慎行，补注. 影印文渊阁四库全书. 台北：台湾商务
印书馆，1982.

苏象先. 丞相魏公谭训. 上海：商务印书馆，1936.

孙机. 唐宋时代的茶具与酒具. 中国历史博物馆馆刊，1982（1）：113-
123.

孙晓燕. 宋代茶画艺术研究. 山西档案，2014（2）：116-120.

孙长初. 中国古代设计艺术思想论纲. 重庆：重庆大学出版社，2010.

谭本龙. 论唐宋诗人品茶场所选择之文化意蕴. 菏泽学院学报，2016，38
（1）：44-47.

陶谷. 清异录. 影印文渊阁四库全书. 台北. 台湾商务印书馆，1982.

脱脱，等. 宋史·食货志·茶上. 二十四史全译. 上海：汉语大词典出版
社，2004.

汪灏. 御定佩文斋广群芳谱. 影印文渊阁四库全书. 台北：台湾商务印书
馆，1982.

王弼. 周易注疏. 影印文渊阁四库全书. 台北：台湾商务印书馆，1982.

王称. 东都事略. 影印文渊阁四库全书. 台北：台湾商务印书馆，1982.

王琥. 中国传统器具设计研究：第3卷. 南京：江苏美术出版社，2010.

王欣星. 茶与宋人尚"清"的美学观. 荆楚理工学院学报，2010，25
（10）：46-48.

王欣星. 茶之"静"与宋代文人的内敛深沉. 丝绸之路，2010（8）：
60-62.

王旭烽，刘庆柱，杨永善. 中华茶器具通鉴. 北京：光明日报出版社，
2019.

王应麟. 困学纪闻. 影印文渊阁四库全书. 台北：台湾商务印书馆，1982.

王应麟. 玉海艺文校证. 南京：凤凰出版社，2013.

魏庆之. 诗人玉屑. 影印文渊阁四库全书. 台北：台湾商务印书馆，1982.

吴士玉，等. 御定骈字类编. 影印文渊阁四库全书. 台北：台湾商务印书馆，1982.

夏燕靖. 中国古代设计经典论著选读. 南京：南京师范大学出版社，2018.

徐彪. 成器之道：先秦工艺造物思想研究. 南京：江苏美术出版社，2008.

徐海荣. 中国茶事大典. 北京：华夏出版社，2000.

徐兢. 宣和奉使高丽图经. 影印文渊阁四库全书. 台北：台湾商务印书馆，1982.

徐乾学. 读礼通考. 影印文渊阁四库全书. 台北：台湾商务印书馆，1982.

徐天麟. 东汉会要. 影印文渊阁四库全书. 台北：台湾商务印书馆，1982.

许慎. 说文解字注. 段玉裁，注. 上海：上海古籍出版社，1981.

闫谨. 从苏轼的茶诗中看宋代茶文化的特点. 四川民族学院学报，2010，19（3）：50-52.

扬之水. 两宋茶事. 北京：人民美术出版社，2015.

杨晓山. 私人领域的变形：唐宋诗歌中的园林与玩好. 文韬，译. 江苏：江苏人民出版社，2009.

杨裕富. 传统设计美学原论. 台北：暖暖书屋文化事业股份有限公司，2014.

叶喆民. 中国磁州窑. 石家庄：河北美术出版社，2021.

叶喆民. 中国陶瓷史. 北京：生活·读书·新知三联书店，2011.

伊佩霞. 剑桥插图中国史. 赵世瑜，赵世玲，张宏艳，译. 济南：山东画报出版社，2002.

伊藤东涯. 绍述先生文集. 宝历十一年（1761）文泉堂刊本.

佚名. 居家必用事类全集. 明隆庆二年（1568）飞来山人刻本.

于巧. 舌尖上的咏茶词——宋代咏茶词研究. 西昌学院学报（社会科学版），2015，27（2）：18-20，41.

庾信. 庾开府集笺注. 影印文渊阁四库全书. 台北：台湾商务印书馆，1982.

喻良能. 香山集. 影印文渊阁四库全书. 台北：台湾商务印书馆，1982.

圆悟克勤. 碧岩录. 刘德军，点校. 北京：民主与建设出版社，2017.

圆悟克勤. 碧岩录. 尚之煜，校注. 郑州：中州古籍出版社，2011.

张海文，曾令可，王慧，等. 中国南宋修内司官窑斜开片青瓷的研究现状. 中国陶瓷工业，2002（5）：41-42，53.

张懋镕. 中国古代青铜器整理与研究：曾国青铜器卷. 北京：科学出版社，2020.

张天琚. 北宋吟茶诗与西坝窑"紫瓯""大汤氅". 东方收藏，2010（8）：46-47.

赵令畤. 侯鲭录. 影印文渊阁四库全书. 台北：台湾商务印书馆，1982.

浙江大学中国古代书画研究中心. 宋画全集. 杭州：浙江大学出版社，2008.

浙江省博物馆. 中兴纪盛：南宋风物观止. 北京：中国书店，2005.

郑宁. 宋瓷的工艺精神. 哈尔滨：黑龙江美术出版社，2012.

郑培凯，朱自振. 中国历代茶书汇编. 香港：商务印书馆（香港）有限公司，2007.

郑玄. 礼记注疏. 影印文渊阁四库全书. 台北：台湾商务印书馆，1982.

郑玄. 增补郑氏周易. 影印文渊阁四库全书. 台北：台湾商务印书馆，1982.

周辉. 清波杂志. 清乾隆三十七年（1772）至道光三年（1823）长塘鲍氏刻知不足斋丛书本.

周密. 癸辛杂识. 影印文渊阁四库全书. 台北：台湾商务印书馆，1982.

周绍明. 书籍的社会史：中华帝国晚期的书籍与士人文化. 何朝晖，译.

北京：北京大学出版社，2009.

朱熹. 家礼. 影印文渊阁四库全书. 台北：台湾商务印书馆，1982.

朱熹. 宋名臣言行录前集. 影印文渊阁四库全书. 台北：台湾商务印书馆，1982.

朱砚文，丁以寿. 试探茶筅的起源及演变. 茶业通报，2020，42（4）：177-182.

朱自振，沈冬梅，增勤. 中国古代茶书集成. 上海：上海文化出版社，2010.

竺济法. 茶史求真. 北京：光明日报出版社，2023.

转引自艾朗诺. 美的焦虑：北宋士大夫的审美思想与追求. 杜斐然，刘鹏，潘玉涛，译. 上海：上海古籍出版社，2013.

转引自郭丹英. 碾破香无限，飞起绿尘埃：宋代茶臼、茶碾及茶磨散记. 收藏家，2016（12）：42-47.

转引自李溪. 内外之间：屏风意义的唐宋转型. 北京：北京大学出版社，2014.

转引自殷海卫. 胡仔《苕溪渔隐丛话》成书考论. 济南大学学报（社会科学版），2009（1）：36-39.

庄子. 庄子·养生主. 北京：中华书局，2013.

Bao Y H. Renaissance in China: The Culture and Art of the Song Dynasty. New York: The Edwin Mellen Press, 2007.

De Weerdt H. Information, Territory, and Networks: The Crisis Maintenance of Empire in Song China. Harvard: Harvard University Asia Center, 2016.

Ebrey P B, Huang S-S S. Visual and Material Cultures in Middle Period China. Leiden: Brill Academic Publishers, 2017.

Ebrey P B. Accumulating Culture: The Collections of Emperor Huizong. Washington: University of Washington Press, 2008.

Krahl R, Harrison-Hall J. Chinese Ceramics: Highlights of the Sir Percival David Collection. London: British Museum, 2009.

Pierson S, McCausland S F M. Song Ceramics: Objects of Admiration. London: University of London Press, 2003.

Rotondo-McCord L. Heaven and Earth Seen within: Song Ceramics from the Robert Barron Collection. Oxford: University Press of Mississippi, 2001.

附　录

表 1　目前国内外研究现状

研究主题	研究内容	主要文献
图像资料的归类、整理、研究	以流传下来的图像资料为出发点，研究宋代社会思想及风俗	《宋画全集》（2008）、《图说中国绘画史》（2014）、《物中看画》（2016）
文献的归类整理	对古籍资料的归类整理	《清宫瓷器档案全集》（2008）、《宋代古器物学笔记材料辑录》（2013）、《中国古代陶瓷文献影印辑刊》（2013）、《中国古代设计经典论著选读》（2018）、《中国古代茶书集成》（2010）
考证类研究	通过历史遗留下来的古籍资料进行考证	《宋代吃茶法与茶器之研究》（1996）、《南宋官窑文集》（2004）、《故宫博物院八十五华诞宋代官窑及官窑制度国际学术研讨会论文集》（2012）、《论宋代茶磨与器物文化》（2013）、《〈宣和奉使高丽图经〉中"金花乌盏"的研究——以武夷山遇林亭窑为例》（2018）、《"茶床"考释》（2008）、《宋代茶文化文献考述》（2015）
古籍的疏解	对流传下来古籍对版本、内容的疏解	《〈茶具图赞〉疏解》（2009）

续表

研究主题	研究内容	主要文献
器型研究	以流传下来的器型作为主要研究对象	《中国传统器具设计研究》（2004）、《形而下——中国古代器皿造型样式研究》（2014）、《成器之道——先秦工艺造物思想研究》（1999）、《中国古代金银器》（2015）
器物窑口或种类的研究	对宋代流传下来的器物出处作研究	《饮器（杯·碗·托）》（1989）
宋人思想研究	有关宋人思想的研究	《美的焦虑：北宋士大夫的审美思想与追求》（2013）、《中国的思维世界》（2006）、《传统设计美学原论》（2014）

表2　宋代茶器相关古籍

序号	年代	类别	作者	书名	备注
1	北宋	茶书	赵佶	《大观茶论》	
2	北宋	茶书	蔡襄	《茶录》	
3	北宋	茶书	赵汝砺	《北苑别录》	
4	北宋	茶书	熊蕃、熊克	《宣和北苑贡茶录》	
5	北宋	茶书	黄儒	《品茶要录》	
6	北宋	茶书	唐庚	《斗茶记》	
7	北宋	茶书	欧阳修	《大明水记》	
8	北宋	茶书	宋子安	《东溪试茶录》	
9	北宋	茶书	叶清臣	《述煮茶泉品》	
10	北宋	茶书	沈括	《本朝茶法》	
11	北宋	茶书	沈括	《茶论》	
12	南宋	茶书	审安老人	《茶具图赞》	
13	南宋	茶书	魏了翁	《邛州先茶记》	
14	北宋	茶书	王端礼	《茶谱》	已佚

续表

序号	年代	类别	作者	书名	备注
15	北宋	茶书	谢宗	《论茶》	已佚
16	北宋	茶书	范逵	《龙焙美成茶录》	已佚
17	南宋	茶书	罗大经	《建茶论》	已佚
18	北宋	茶书	丁谓	《北苑茶录》	已佚
19	北宋	茶书	周绛	《补茶经》	已佚
20	北宋	茶书	刘异	《北苑拾遗》	已佚
21	北宋	茶书	沈立	《茶法易览》	已佚
22	北宋	茶书	陶谷	《荈茗录》	
23	宋	茶书	桑庄	《茹芝续茶谱》	已佚
24	宋	茶书	曾伉	《茶苑总录》	已佚
25	北宋	茶书	吕惠卿	《建安茶用记》	已佚
26	宋	茶书	蔡宗颜	《茶山节对》	已佚
27	宋	茶书	蔡宗颜	《茶谱遗事》	已佚
28	宋	茶书	章炳文	《壑源茶录》	已佚
29	宋	茶书	佚名	《北苑修贡录》	已佚
30	宋	茶书	佚名	《茶苑杂录》	已佚
31	宋	茶书	佚名	《茶杂文》	已佚
32	宋	茶书	佚名	《北苑杂述》	已佚
33	北宋	笔记	沈括	《竹坞茶谭》	
34	北宋	笔记	沈括	《梦溪笔谈》	
35	北宋	笔记	司马光	《涑水纪闻》	
36	宋	笔记	孟元老	《东京梦华录》	
37	北宋	笔记	郭若虚	《图画见闻志》	
38	北宋	笔记	蔡絛	《铁围山丛谈》	

续表

序号	年代	类别	作者	书名	备注
39	北宋	笔记	陶谷	《清异录》	
40	北宋	笔记	王辟之	《渑水燕谈录》	
41	南宋	笔记	吴自牧	《梦粱录》	
42	北宋	笔记	彭乘	《墨客挥犀》	
43	南宋	笔记	周密	《癸辛杂识》	
44	宋	笔记	庄绰	《鸡肋编》	
45	南宋	笔记	周辉	《清波杂志》	
46	南宋	语录	朱熹	《朱子语类》	
47	北宋	道藏	徐守信述，苗希颐辑	《虚静冲和先生徐神翁语录》	
48	南宋	道藏	蒋叔舆	《无上黄箓大斋立成仪》	
49	北宋	道藏	马永卿	《懒真子》	
50	北宋	诗文集	葛胜仲	《丹阳集》	
51	南宋	诗文集	洪迈	《万首唐人绝句》	
52	元	史书	脱脱、阿鲁图等	《宋史》	
53	宋	史书	佚名	《五代史平话》	
54	北宋	佛教史书	释道原	《景德传灯录》	
55	北宋	佛教史书	圆悟克勤	《碧岩录》	
56	北宋	诗文集	释惠洪	《石门文字禅》	
57	北宋	诗文集	林逋	《和靖诗集》	
58	宋	诗文集	苏轼著，施元之注	《施注苏诗》	
59	宋	诗文集	苏轼著，王十朋注	《王状元集百家注分类东坡先生诗》	
60	宋	诗文集	黄庭坚著，史季温注	《山谷别集诗注》	

续表

序号	年代	类别	作者	书名	备注
61	南宋	诗文集	曾几	《茶山集》	
62	北宋	诗文集	欧阳修	《居士集》	
63	南宋	诗文集	陆游	《剑南诗稿》	
64	南宋	诗文集	邵浩编	《坡门酬唱集》	
65	南宋	诗文集	吕本中	《东莱先生诗集》	
66	南宋	诗文集	王洋	《东牟集》	
67	北宋	诗文集	黄庭坚	《山谷集》	
68	北宋	诗文集	庞元英	《文昌杂录》	
69	北宋	诗文集	秦观	《淮海集》	
70	北宋	诗文集	梅尧臣	《宛陵集》	
71	北宋	诗文集	李廌	《济南集》	
72	北宋	诗文集	苏洵	《嘉佑集》	
73	北宋	诗文集	欧阳修	《欧阳文忠公集》	
74	北宋	诗文集	尹焞	《和靖集》	
75	南宋	诗文集	释居简	《北涧集》	
76	北宋	诗文集	陈师道	《后山集》	
77	北宋	诗文集	郭祥正	《青山续集》	
78	北宋	诗文集	蔡襄	《端明集》	
79	南宋	诗文集	朱翌	《猗觉寮杂记》	
80	南宋	诗文集	李曾伯	《可斋续稿》	
81	南宋	诗文集	苏籀	《双溪集》	
82	南宋	诗文集	顾文荐	《负暄杂录》	
83	南宋	诗文集	阮阅辑	《诗话总龟》	
84	南宋	诗文集	胡仔	《苕溪渔隐丛话》	

续表

序号	年代	类别	作者	书名	备注
85	南宋	诗文集	杨万里撰，周公恕辑	《诚斋四六发遣膏馥》	
86	南宋	诗文集	李刘	《梅亭先生四六标准》	
87	南宋	小说集	朱弁	《曲洧旧闻》	
88	南宋	小说集	罗大经	《鹤林玉露》	
89	北宋	礼学	苏象先	《丞相魏公谭训》	
90	南宋	礼学	朱熹	《家礼》	
91	北宋	游记	徐兢	《宣和奉使高丽图经》	
92	北宋	类书	高承	《事物纪原》	
93	南宋	书目	晁公武	《郡斋读书志》	
94	南宋	地志	祝穆	《方舆胜览》	

表 3 宋代茶书作者的籍贯和职务

籍贯	著作	作者	备注
河南	《大观茶论》	赵佶	皇帝
福建	《茶录》	蔡襄	进士，福建转运使
	《东溪试茶录》	宋子安	
	《品茶要录》	黄儒	进士
	《宣和北苑贡茶录》	熊蕃	
	《北苑拾遗》	刘异	大理寺评事
	《建安茶用记》	吕惠卿	宰相
浙江	《本朝茶法》	沈括	进士，翰林学士
	《茶论》		
陕西	《荈茗录》	陶谷	礼部尚书

籍贯	著作	作者	备注
江苏	《述煮茶泉品》	叶清臣	进士，苏州观察判官事
	《北苑茶录》	丁谓	进士，福建转运使
	《补茶经》	周绛	进士
	《茹芝续茶谱》	桑庄	
四川	《斗茶记》	唐庚	进士，宗子博士
	《邛州先茶记》	魏了翁	国子监正、武学博士
安徽	《茶法易览》	沈立	进士
江西	《大明水记》	欧阳修	进士
	《龙焙美成茶录》	范逵	
	《建茶论》	罗大经	进士
	《茶谱》	王端礼	进士
	《北苑别录》	赵汝砺	福建路转运司主管帐司
	《茶具图赞》	审安老人	
	《论茶》	谢宗	
	《茶苑总录》	曾伉	
	《茶谱遗事》	蔡宗颜	
	《茶山节对》		
	《壑源茶录》	章炳文	
	《北苑杂述》	佚名	
	《北苑修贡录》	佚名	
	《茶苑杂录》	佚名	
	《茶杂文》	佚名	

表4 《宣和北苑贡茶录》中的茶模

名称	材质	尺寸	图片
贡新銙	竹圈银模	方一寸二分	
试新銙	竹圈银模	方一寸二分	
龙团胜雪	竹圈银模	方一寸二分	
白茶	银圈模	径一寸五分	
御苑玉芽	银圈模	径一寸五分	
万寿龙芽	银圈模	径一寸五分	
上林第一	竹圈模	方一寸二分	
乙夜清供	竹圈模	方一寸二分	
承平雅玩	竹圈模	方一寸二分	

名称	材质	尺寸	图片
龙凤英华	竹圈模	方一寸二分	
玉除清赏	竹圈模	方一寸二分	
启天承恩	竹圈模	方一寸二分	
雪英	银圈模	径一寸五分	
云叶	银圈模	横长一寸五分	
蜀葵	银圈模	径一寸五分	
金钱	银圈模	径一寸五分	
玉华	银圈模	横长一寸五分	
寸金	竹圈银模	方一寸二分	
无比寿芽	竹圈银模	方一寸二分	

续表

名称	材质	尺寸	图片
万春银叶	银圈模	两尖径二寸二分	
宜年宝玉	银圈模	直长三寸	
玉庆清云	银圈模	方一寸八分	
无疆寿龙	竹圈银模	直长三寸六分	
玉叶长春	竹圈银模	直长一寸	
瑞云翔龙	铜圈银模	径二寸五分	
长寿玉圭	铜圈银模	直长三寸	
兴国严銙	竹圈模	方一寸二分	
香口焙銙	竹圈模	方一寸二分	

续表

名称	材质	尺寸	图片
上品拣芽	铜圈银模	径二寸五分	
新收拣芽	铜圈银模	径二寸五分	
太平嘉瑞	铜圈银模	径一寸五分	
龙苑报春	铜圈银模	径一寸七分	
南山应瑞	银圈模	方一寸八分	
兴国严拣芽	银圈模	径三寸	
小龙	银圈模	径四寸五分	
小凤	铜圈银模	径四寸五分	
大龙	铜圈银模		
大凤	铜圈银模		

资料来源：郑培凯，朱自振.中国历代茶书汇编，香港：商务印书馆（香港）有限公司．2007.

表 5　黄庭坚的碾茶诗

时间	诗名	涉及人物	茶种
元丰八年	《谢送碾壑源拣芽》	李元礼	壑源茶（贡茶）
元丰八年	《和答外舅孙莘老》	孙莘老（孔觉）	贡茶
元祐二年	《博士王扬休碾密云龙同事十三人饮之戏作》	王扬休	密云龙（贡茶）
元祐二年	《奉谢刘景文送团茶》	刘景文（刘季孙）	贡茶
元祐三年	《和曹子方杂言》	曹子方	贡茶
元丰元年	《催公静碾茶》		
元祐元年	《奉同六舅尚书咏茶碾煎烹三首（其一）》	六舅尚书（李常）	

表 6　《茶具图赞》中的茶器姓名字号与官职

茶器	名称	字	号	别号	官职
茶焙	韦鸿胪	文鼎	景旸	四窗闲叟	鸿胪
砧椎	木待制	利济	忘机	隔竹居人	待制
茶碾	金法曹	研古 轹古	元锴 仲铿	雍之旧民 和琴先生	法曹
茶磨	石转运	凿齿	遄行	香屋隐君	转运
茶杓	胡员外	惟一	宗许	贮月仙翁	员外
茶罗	罗枢密	若药	传师	思隐寮长	枢密
茶帚	宗从事	子弗	不遗	扫云溪友	从事
盏托	漆雕秘阁	承之	易持	古台老人	秘阁
茶盏	陶宝文	去越	自厚	兔园上客	宝文
汤瓶	汤提点	发新	一鸣	温谷遗老	提点
茶筅	竺副帅	善调	希点	雪涛公子	副帅
茶巾	司职方	成式	如素	洁斋居士	职方

致　谢

不知不觉中，时光如指缝间的流沙匆匆而过。本书自选题到成书，至今已近十载。而再往前有缘结识导师郑宁先生，则已历十五载。先生治学严谨，在本书选题、布局谋篇、内容表达各方面都做了悉心的指导，因此，如果说我现在在学术上有一定的独立思考能力的话，也是郑老师的功劳。

另外，感谢国家艺术基金、教育部人文社会科学研究青年基金为本研究提供的资金支持。感谢我的课题组成员程辉、高扬，在我撰写本书的过程中提供了研究方法及文字方面的帮助。程辉整理了部分宋代茶器文献，提供了研究方法上的支持；高扬校对了部分章节并进行了文字修改。

在此，要感谢我的家人。在我写作本书期间，他们尽可能帮助我，使我少有后顾之忧。感谢我的父母，他们虽已年迈，依然想着为我分担家务。感谢我的爱人在资料查找与照顾孩子方面提供的帮助。

最后，要感谢我的博士单位澳门科技大学的老师。博士初期的基础课使我找到了看待科研的新方式，也懂得了以兴趣为导向的研究并不会枯燥乏味，反而可能指引自己走得更深更远。

在此，谨向以上各位老师、专家、同僚、亲友们致以最诚挚的感谢！借用导师郑宁先生的一句话：祝你们幸福！

2025 年 1 月 9 日